"互联网+教育"的理论与实践系列教材

计算机网络技术实训教程
——基于 Cisco Packet Tracer 和 eNSP

丛书主编　陈明选

王　萌　孙　钰　编著

電子工業出版社

Publishing House of Electronics Industry

北京 · BEIJING

内 容 简 介

本书是计算机网络技术的实验指导教程，采用基于项目的理念进行实验设计，旨在架起理论知识和网络实践之间的桥梁。

全书共五章，首先介绍 Cisco Packet Tracer 和 eNSP 的安装与使用，以及路由器/交换机的基本配置，然后围绕交换技术、路由技术、互联网接入技术和安全控制等方面的实验，详细解释命令含义及操作步骤，以帮助读者更好地理解计算机网络的基本原理，掌握不同平台下常见网络设备的配置方法。

本书根据真实设备环境进行模拟实验，具有较强的实用性和可操作性，可作为计算机相关专业计算机网络、计算机网络技术等课程的实训指导教材，也可作为网络工程师和计算机网络爱好者的参考用书。

图书在版编目（CIP）数据

计算机网络技术实训教程：基于 Cisco Packet Tracer 和 eNSP / 王萌，孙钰编著. —北京：电子工业出版社，2023.8

ISBN 978-7-121-46131-6

Ⅰ. ①计… Ⅱ. ①王… ②孙… Ⅲ. ①计算机网络－实验－教材 Ⅳ. ①TP393-33

中国国家版本馆 CIP 数据核字（2023）第 152574 号

责任编辑：刘　芳
印　　刷：涿州市京南印刷厂
装　　订：涿州市京南印刷厂
出版发行：电子工业出版社
　　　　　北京市海淀区万寿路 173 信箱　　邮编 100036
开　　本：787×1 092　1/16　　印张：9.75　　字数：190 千字
版　　次：2023 年 8 月第 1 版
印　　次：2023 年 8 月第 1 次印刷
定　　价：45.80 元

凡所购买电子工业出版社图书有缺损问题，请向购买书店调换。若书店售缺，请与本社发行部联系，联系及邮购电话：（010）88254888，88258888。

质量投诉请发邮件至 zlts@phei.com.cn，盗版侵权举报请发邮件至 dbqq@phei.com.cn。

本书咨询联系方式：（010）88254507，liufang@phei.com.cn。

前言

在全球信息化大潮的推动下，计算机网络迅速发展，在信息社会中被广泛应用。计算机网络技术是一门理论性和实践性都非常强的课程，为了帮助读者更好地理解计算机网络的基本原理，掌握常见网络设备的配置方法，本书精心设计了计算机网络基础、交换技术、路由技术、互联网接入技术和安全控制等方面的实验案例，以满足计算机网络课程及其他相关课程对实验的要求。

本书共包括 16 个基础实验和 2 个综合实验，采用基于项目的理念进行实验设计，项目均来自于实际的应用需求，旨在架起理论知识和网络实践之间的桥梁，培养学生解决实际问题的能力。每个实验包括实验目的、实验设备、实验拓扑、实验说明、命令描述、配置实例和思维拓展。与同类实验教程相比，本书以 Cisco 模拟器——Cisco Packet Tracer 和华为模拟器——eNSP 为实验平台，所有实验步骤均在两个平台上实现，帮助读者切实掌握主流体系下的网络配置流程，便于读者进行对比学习。本书对实验中的常见问题进行详细解释，每个实验均配有视频讲解，同时在实验中插入了思维拓展问题，帮助读者更好地学习和掌握网络技术知识。本书内容翔实，根据真实设备环境进行模拟实验，具有较强的实用性和可操作性。

本书由具有多年丰富教学经验的一线教师编写，王萌、孙钰负责全书的统稿，孙晓龙、王天协助完成了本书教辅资料的制作。在本书的编写和出版过程中，江南大学人工智能与计算机学院的陈璟老师提出了许多指导意见，编者在此表示衷心的感谢。本书系江南大学一流本科专业教育技术学、教育部人文社会科学研究项目“面向心理健康的文本情绪识别研究”的成果，编者在此对资助部门深表感谢。同时，特别感谢电子工业出版社的大力支持。

由于时间仓促，加之编者自身经验、水平所限，书中难免有不妥之处。对此，我们诚恳地希望各位同人及读者就相关内容提出宝贵意见，以便我们能够加以改正。E-mail: wangmengly@163.com。

编者
2022 年 10 月

目录

第一章 实验环境及基本配置

“工欲善其事，必先利其器”，学习网络技术需要基于真实的网络环境，然而现实情况常常不能满足实验的要求，因此需要使用网络模拟软件，通过模拟网络环境和构建网络拓扑，进而学习网络技术。在计算机网络的研究中，网络模拟是一种用软件程序复制真实网络行为的技术，借助功能丰富的网络模拟软件，可以大大提高学习效率并降低学习成本。网络模拟软件可以使用户在模拟和安全的环境中学习所有网络技术和主题，根据自己的意愿来模拟网络行为，而无须支付高昂的费用。在网络模拟软件中，用户可以对计算机网络设备、链接、应用程序等进行配置和建模，以可视化方式查看网络的行为和状态，并查看网络性能。

本章介绍两个主流网络模拟软件的安装与使用——Cisco Packet Tracer 和 eNSP，本书涉及的所有实验均在这两个网络模拟软件中实现。此外，本章还介绍了如何基于真实设备环境进行连接配置。

本书中实验拓扑的图例说明如下。

需要说明的是，本书中所有实验都列出了各设备接口的 IP 地址配置表，仅代表拓扑图中的实验配置环境，读者在进行实验时要以具体实验环境中的实际接口为准。在命令描述中，粗体部分为命令关键词，其余部分为参数，每个命令均给出了例子及详细的解释，以便读者更好地掌握。

实验 1：Cisco Packet Tracer 的安装与使用

Packet Tracer 是由 Cisco 公司开发的学习网络技术的辅助工具，用户通过网络模拟软件，可以进行网络架构的设计、网络设备的配置、网络故障的排查等，占用资源少，安装方便，用户通过拖曳的方式完成网络结构的搭建，通过命令行界面完成网络配置。在 Cisco Packet Tracer 7.0 以后的版本中，还增加了物联网部署和开发功能，是一个强大的学习工具，物联网部分不在本书的讨论范围内。本书使用的是 Cisco Packet Tracer 8.0 版本，同时需要使用思科网院账号登录。

图 1.1.1　安装程序

（1）双击程序图标，启动安装程序，如图 1.1.1 所示。

（2）在“License Agreement”窗口中选中“I accept the agreement”单选按钮，接受安装许可协议，如图 1.1.2 所示，单击“Next”按钮。

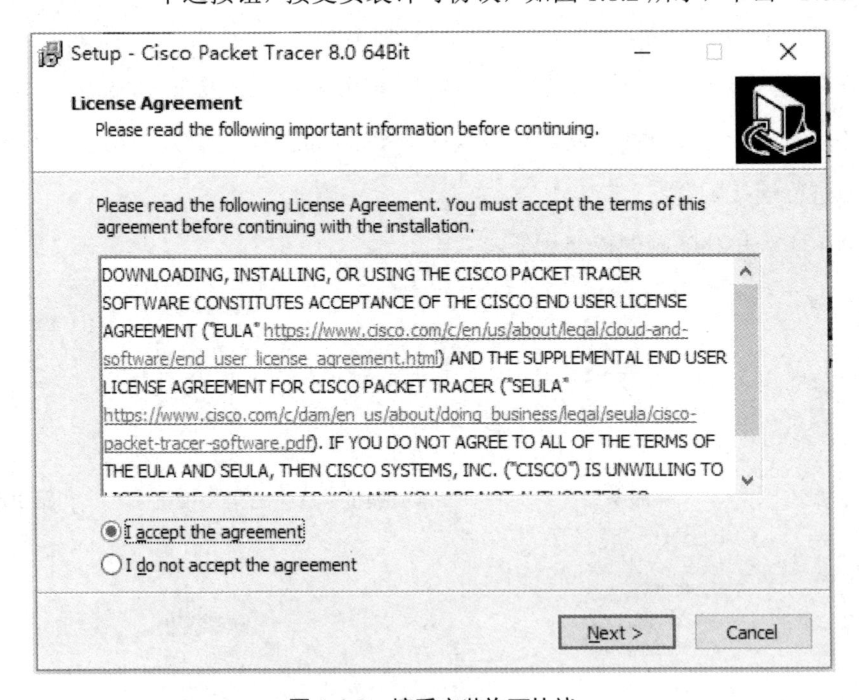

图 1.1.2　接受安装许可协议

（3）弹出“Select Destination Location”窗口，修改安装路径，建议使用默认路径，如图 1.1.3 所示，单击“Next”按钮。

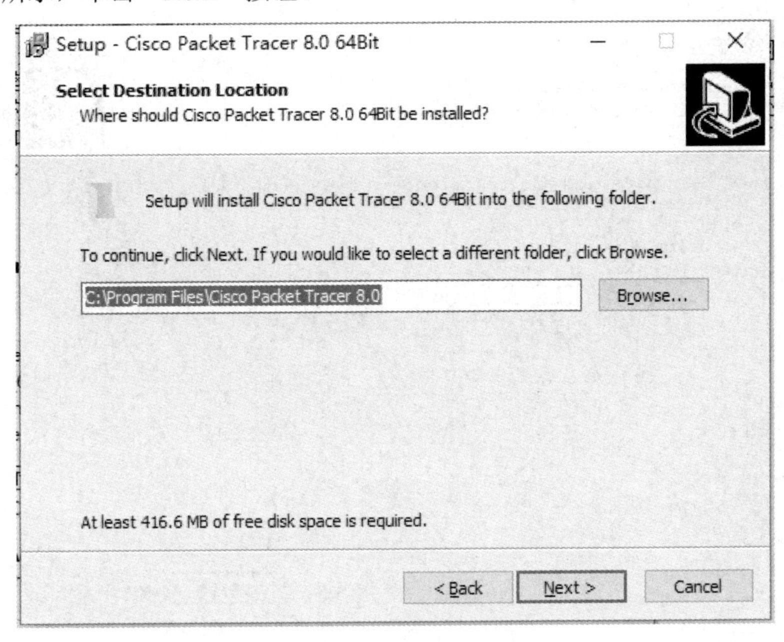

图 1.1.3　修改安装路径

（4）弹出“Select Start Menu Folder”窗口，设置“开始”菜单中文件夹的名称，建议使用默认名称，如图 1.1.4 所示，单击“Next”按钮。

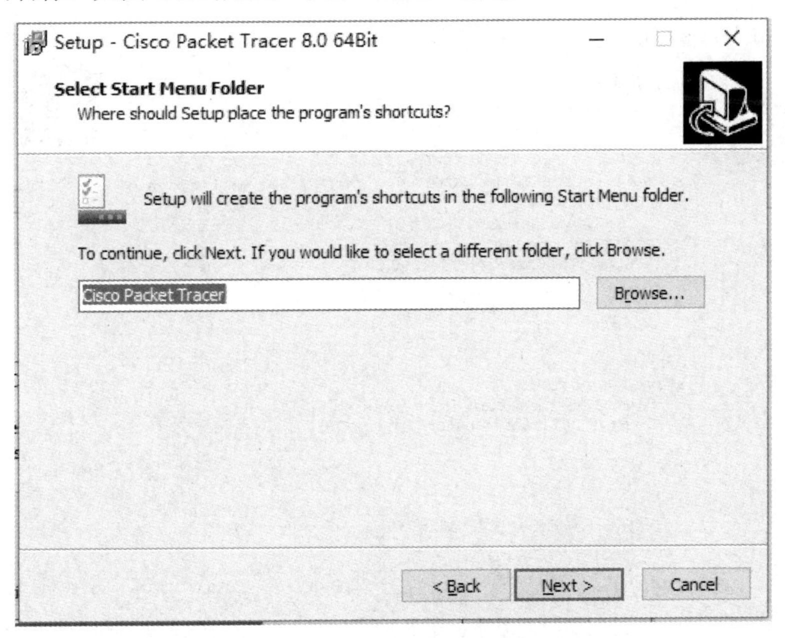

图 1.1.4　设置“开始”菜单中文件夹的名称

（5）弹出“Select Additional Tasks”窗口，建议勾选“Create a desktop shortcut”和

"Create a Quick Launch shortcut"复选框，创建桌面图标和快速启动快捷方式，如图 1.1.5 所示，单击"Next"按钮。

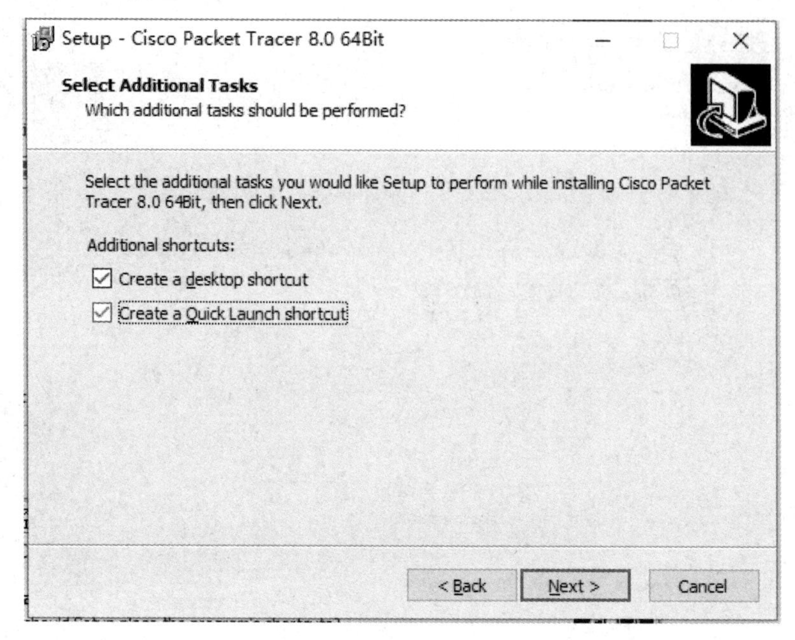

图 1.1.5 创建桌面图标和快速启动快捷方式

（6）弹出"Ready to Install"窗口，准备开始安装，如图 1.1.6 所示，单击"Install"按钮。

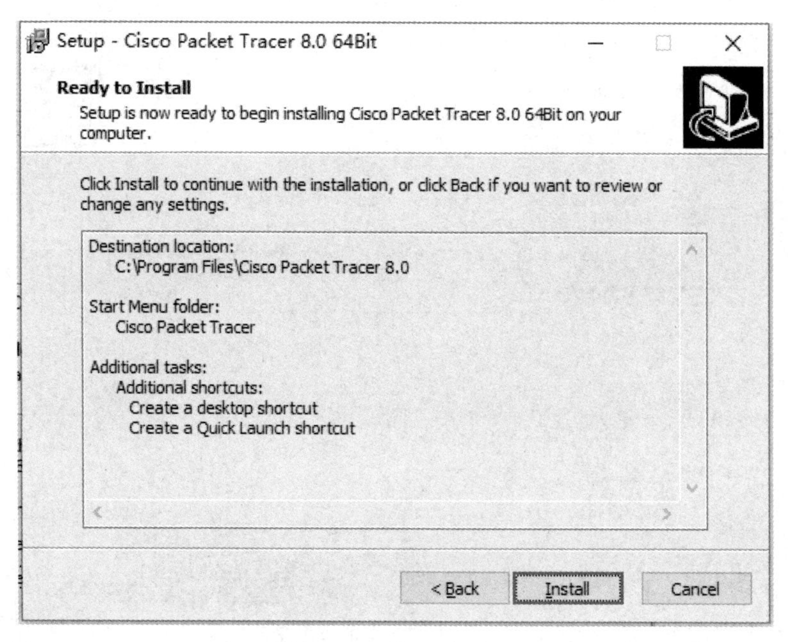

图 1.1.6 准备开始安装

（7）弹出"Installing"窗口，显示安装进度条，如图 1.1.7 所示。

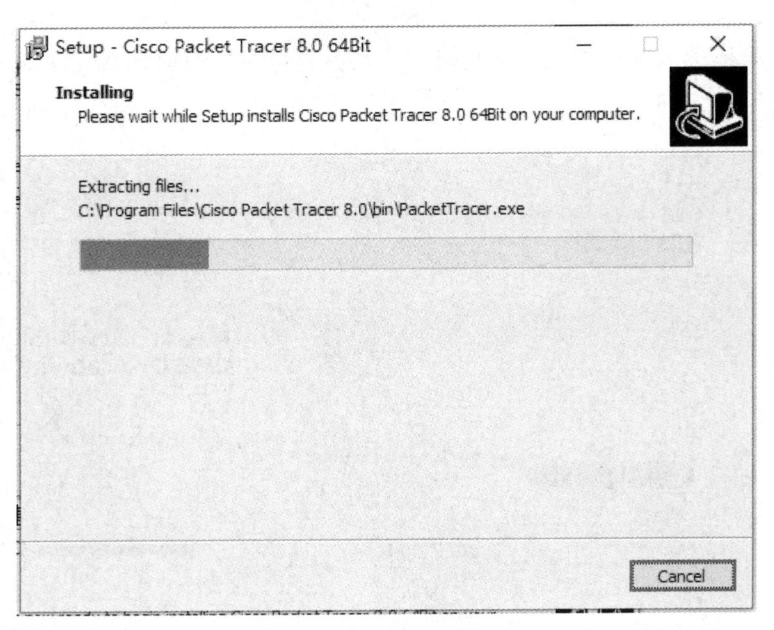

图 1.1.7　安装进度条

（8）安装完成，如图 1.1.8 所示，单击“Finish”按钮。

图 1.1.8　安装完成

（9）安装完成后，桌面出现“Cisco Packet Tracer”图标，如图 1.1.9 所示，双击图标，打开软件。

图 1.1.9　“Cisco Packet Tracer”图标

（10）询问是否登录思科网院账号，如果有思科网院账号，可以输入账号登录；如果没有思科网院账号，可以选择 Guest 登录，单击“Continue as a Guest”按钮，会打开思科网院页面，关闭即可，如图 1.1.10 所示。

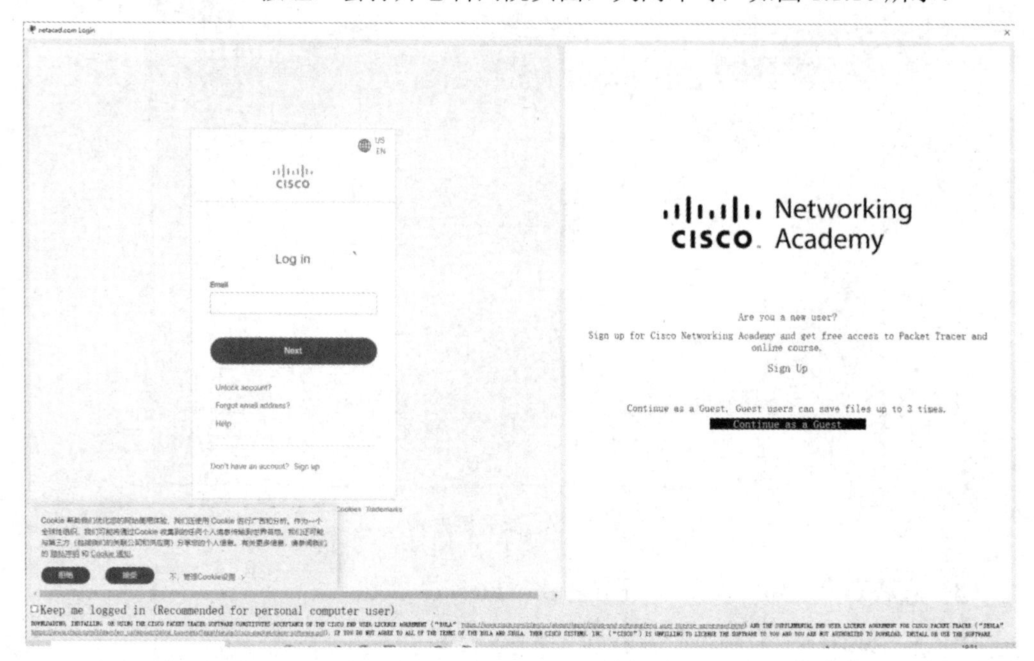

图 1.1.10　单击“Continue as a Guest”按钮

（11）在倒计时结束后，单击“Confirm Guest”按钮，如图 1.1.11 所示，进入系统，Guest 用户无法保存配置文件。

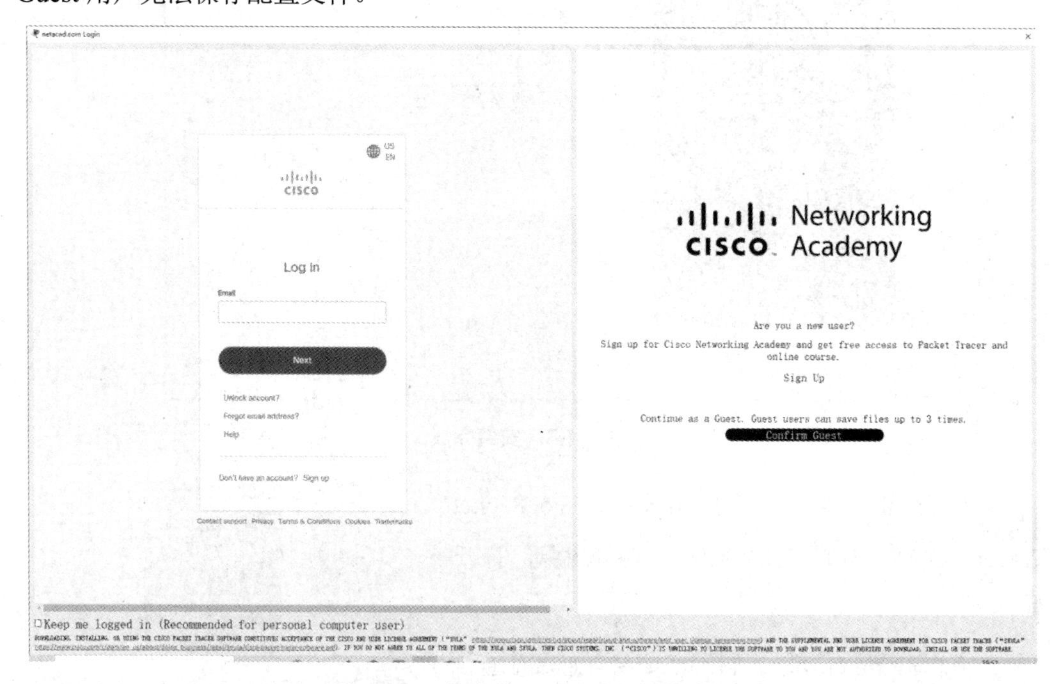

图 1.1.11　单击“Confirm Guest”按钮

（12）进入程序主界面，即可开始实验操作，如图 1.1.12 所示。

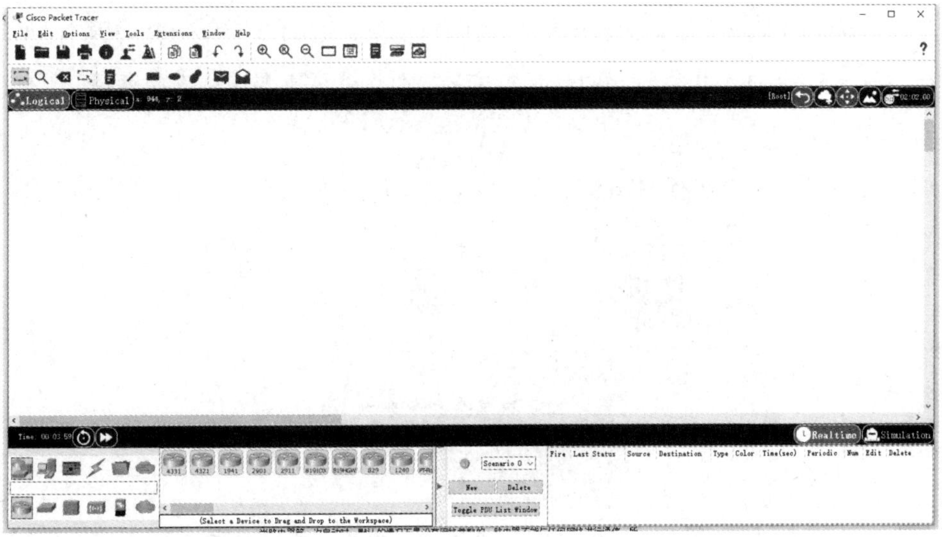

图 1.1.12　程序主界面

实验 2：eNSP 的安装与使用

eNSP（enterprise Network Simulation Platform）是一款由华为提供的图形化网络仿真学习平台，通过虚拟化企业路由器、交换机等设备，呈现真实设备场景，支持网络架构的模拟和设备配置，适合广大用户在没有设备的情况下学习网络技术。本书采用的是 eNSP V100R003C00SPC100 版本，在安装 eNSP 之前，还需要做一些准备工作。

首先需要安装 3 个插件：VirtualBox、Wireshark、WinPcap。其中，VirtualBox 是一款开源虚拟机软件，借助它可以方便地创建虚拟机，并且可以按照用户个人的喜好进行配置；Wireshark 是一个网络数据包分析软件，主要功能是截取各种网络数据包，并尽可能详细地显示数据包的信息；WinPcap 是一个免费公开的软件，它用于 Windows 系统下的直接网络编程，可以进行数据包捕获和网络分析。以上 3 个插件安装完成后，再安装 eNSP。eNSP 和 3 个插件的安装图标如图 1.2.1 所示。

图 1.2.1　eNSP 和 3 个插件的安装图标

1. 安装 VirtualBox

VirtualBox 的安装是整个安装过程中最烦琐的部分，为了配合 eNSP 的版本，必须安装 VirtualBox 5.2 版本。以管理员身份运行安装文件，注意不要使用中文路径，具体的安装过程如下。

（1）以管理员身份运行 VirtualBox 安装文件，如图 1.2.2 所示。

图 1.2.2　以管理员身份运行 VirtualBox 安装文件

（2）打开安装向导，如图 1.2.3 所示，单击“下一步”按钮。

图 1.2.3　打开安装向导

（3）选择安装位置及插件，建议使用默认选项，不要使用中文路径，如图 1.2.4 所示，单击“下一步”按钮。

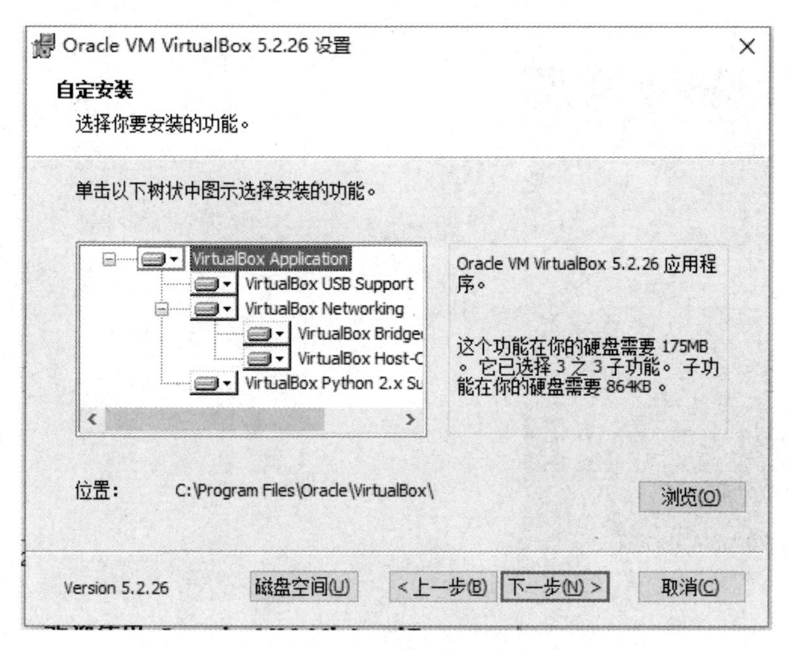

图 1.2.4　选择安装位置及插件

（4）选择安装功能，建议使用默认选项，如图 1.2.5 所示，单击“下一步”按钮。

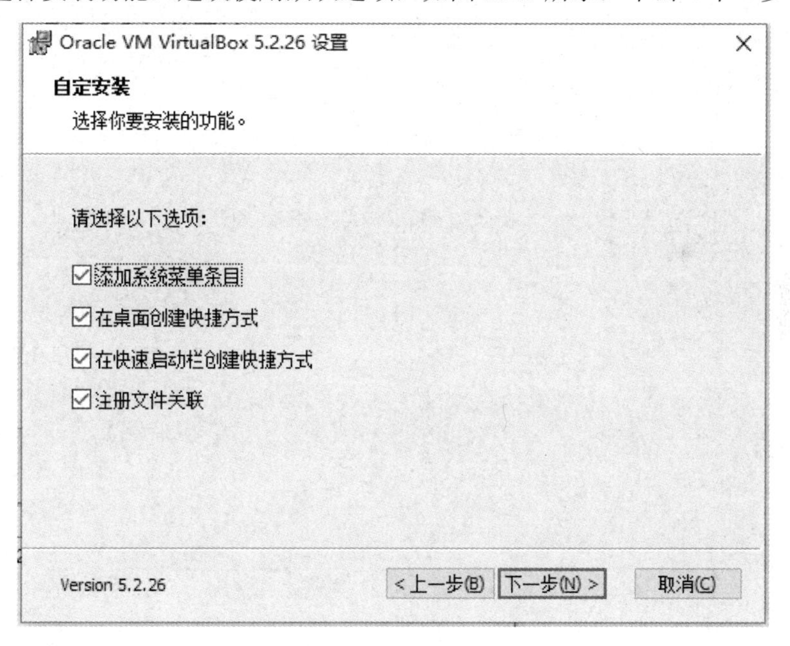

图 1.2.5　选择安装功能

（5）安装过程中会添加虚拟网卡，因此会导致网络中断，这属于正常现象，单击“是”按钮，进入下一步，如图 1.2.6 所示。

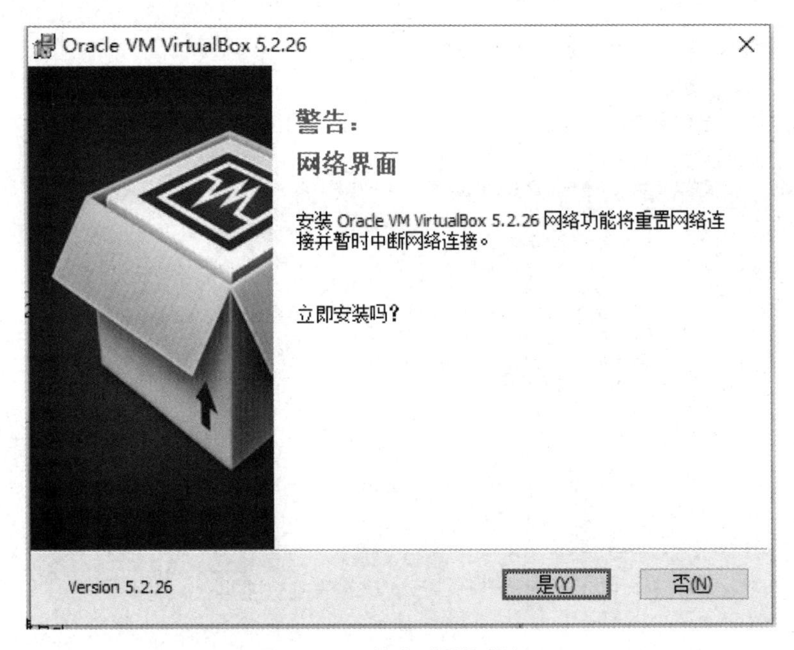

图 1.2.6　单击“是”按钮

（6）安装选项设置完成后，单击“安装”按钮，开始安装软件，如图 1.2.7 所示。

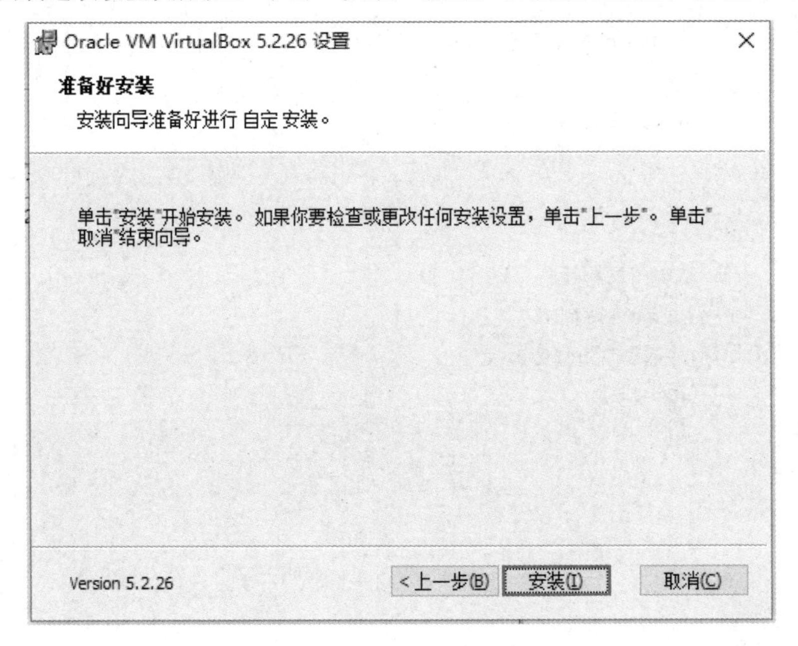

图 1.2.7　单击“安装”按钮

（7）安装进度条结束后，单击“完成”按钮即可，如图 1.2.8 所示。

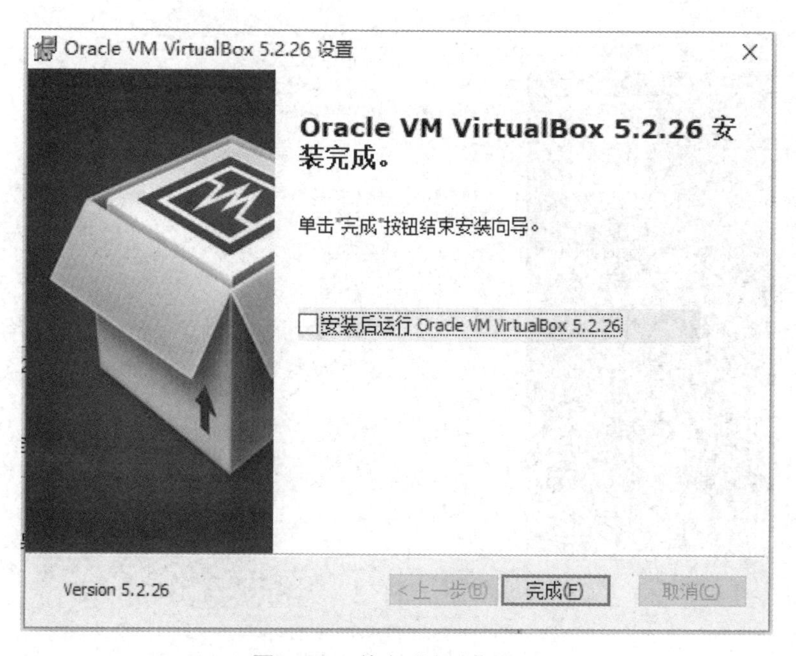

图 1.2.8　单击“完成”按钮

2．安装 Wireshark

Wireshark 插件不是 eNSP 必选项，但是安装后有助于分析网络数据，建议读者安装。

（1）以管理员身份运行 Wireshark 安装文件，如图 1.2.9 所示。

图 1.2.9　以管理员身份运行 Wireshark 安装文件

（2）弹出“Welcome to Wireshark 3.4.6 64-bit Setup”窗口，单击“Next”按钮，如图 1.2.10 所示。

图 1.2.10　单击“Next”按钮

（3）弹出“License Agreement”窗口，单击“Noted”按钮，接受许可协议，如图 1.2.11 所示。

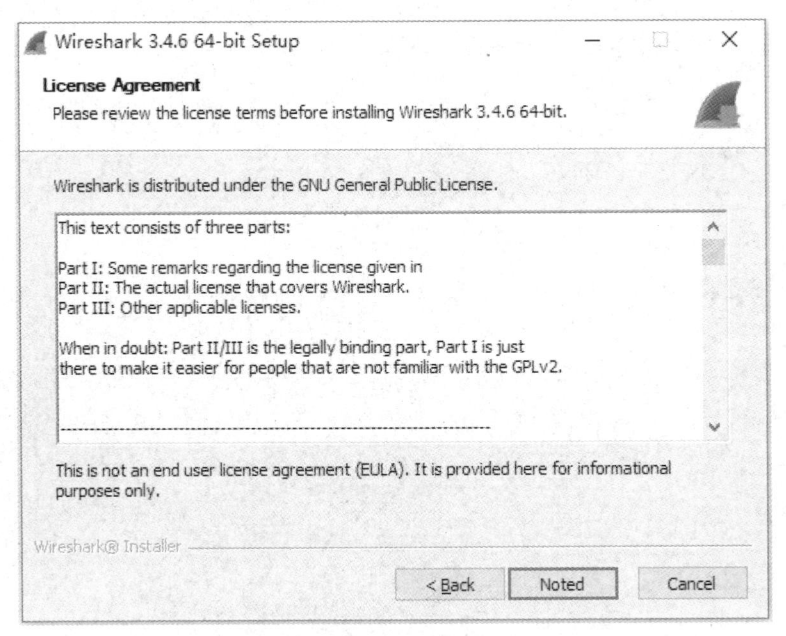

图 1.2.11　接受许可协议

（4）弹出“Choose Components”窗口，选择安装的插件，如图 1.2.12 所示，建议使用默认选项，单击“Next”按钮。

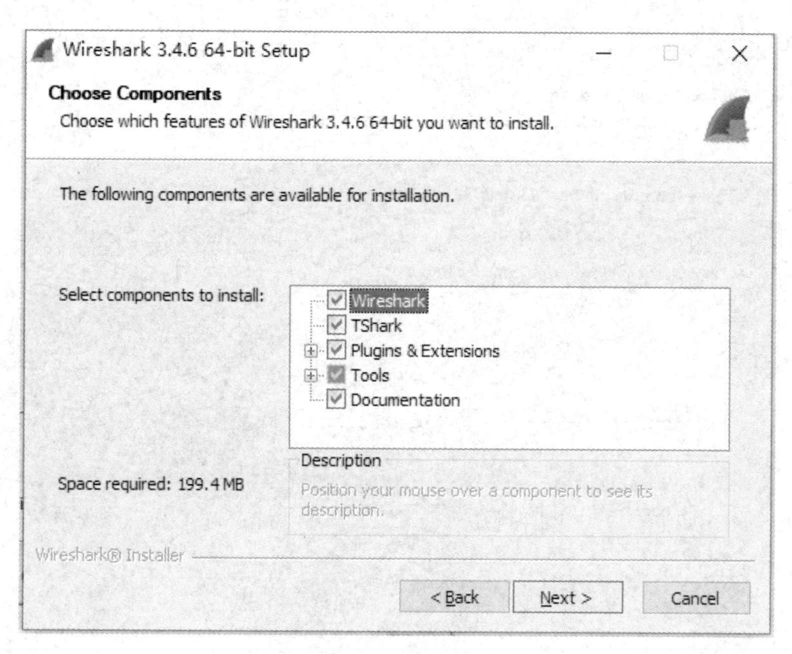

图 1.2.12　选择安装的插件

（5）弹出“Additional Tasks”窗口，选择需要创建的快捷方式，如图 1.2.13 所示，建议使用默认选项，单击“Next”按钮。

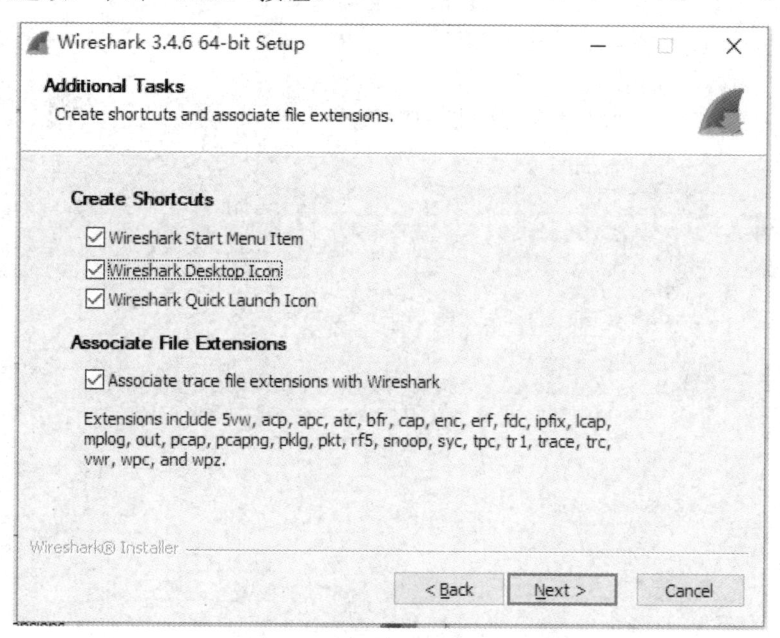

图 1.2.13　选择需要创建的快捷方式

（6）弹出“Choose Install Location”窗口，修改安装路径，如图 1.2.14 所示，建议使用默认路径，单击“Next”按钮。

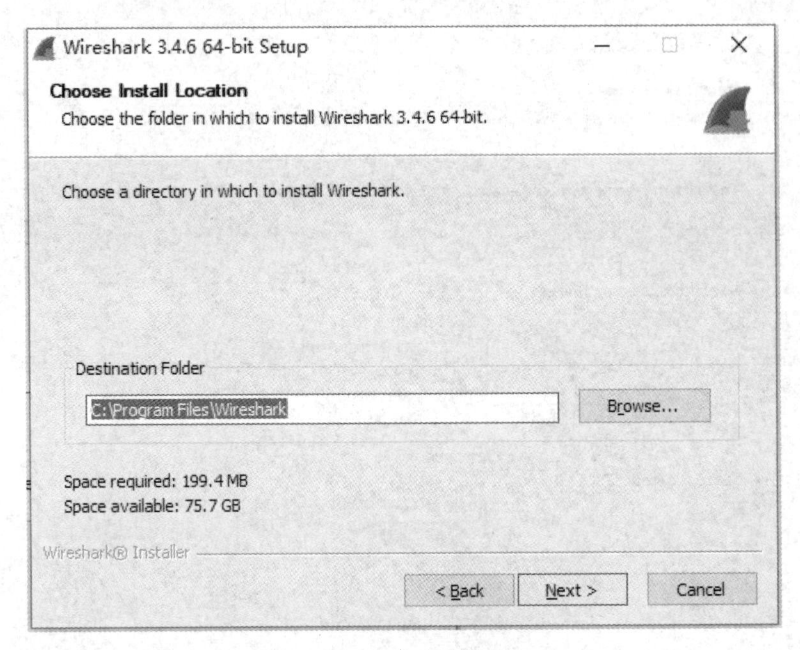

图 1.2.14　修改安装路径

（7）弹出“Packet Capture”窗口，安装 Npcap 抓包工具，如果之前安装过 Wireshark，则不需要勾选“Install Npcap 1.31”复选框，如图 1.2.15 所示，单击“Next”按钮。

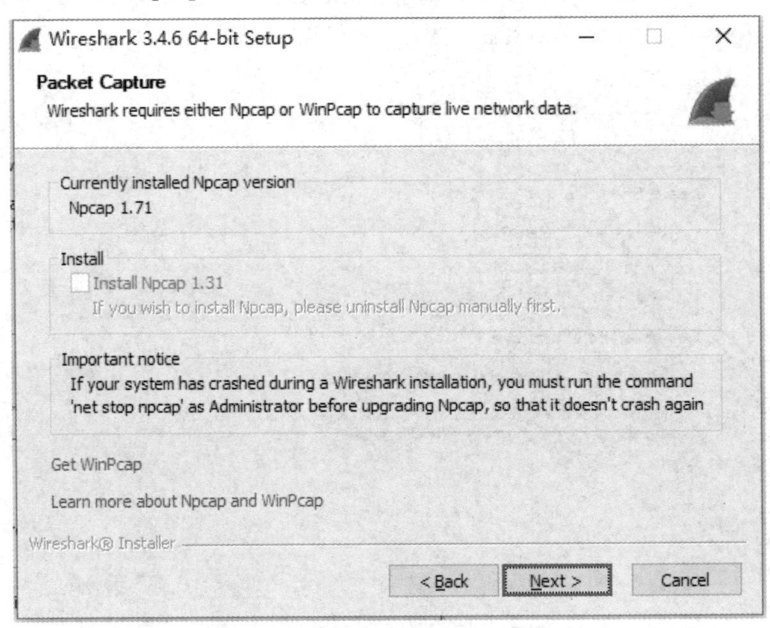

图 1.2.15　安装 Npcap 抓包工具

（8）弹出“USB Capture”窗口，安装 USBPcap 抓包工具，如图 1.2.16 所示。此处为可选项，如果勾选“Install USBPcap 1.5.4.0”复选框，则可以在 USB 接口抓包，单击“Install”按钮。

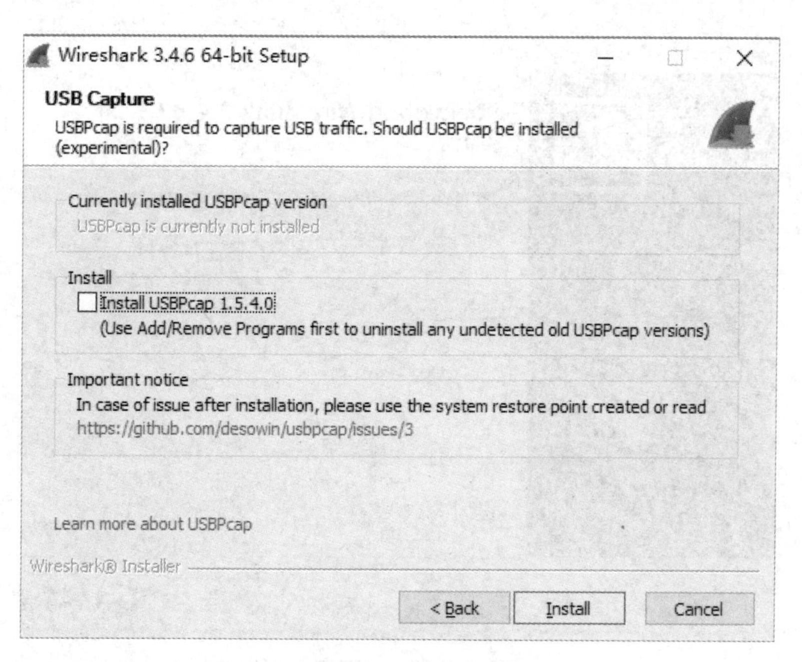

图 1.2.16　安装 USBPcap 抓包工具

（9）弹出“Installation Complete”窗口，显示安装进度条，如图 1.2.17 所示，安装完成后，单击“Next”按钮。

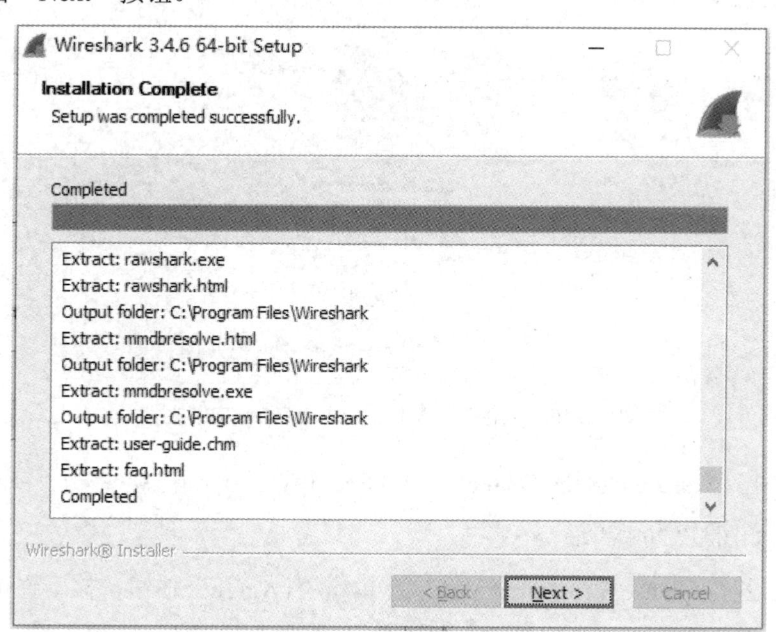

图 1.2.17　安装进度条

（10）弹出“Completing Wireshark 3.4.6 64-bit Setup”窗口，单击“Finish”按钮，结束安装，如图 1.2.18 所示。

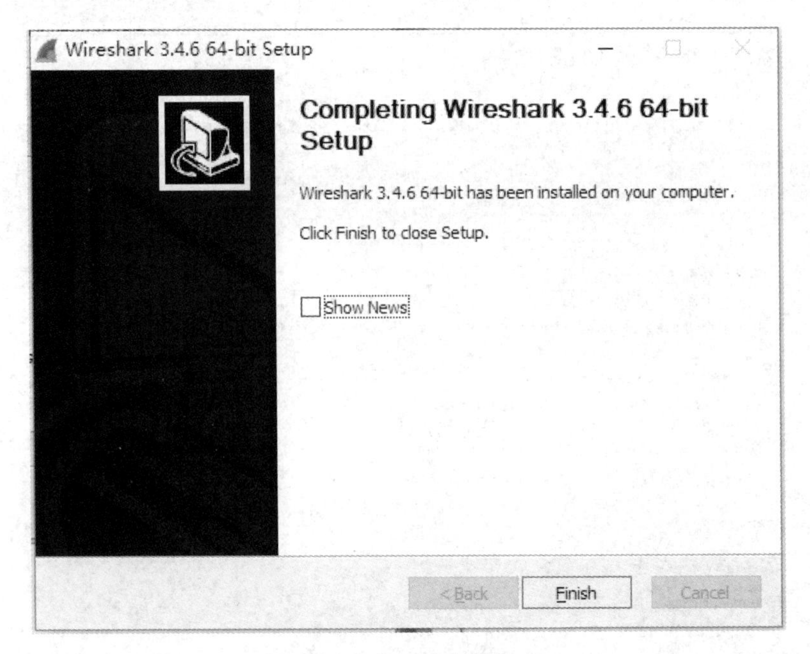

图 1.2.18 结束安装

3. 安装 WinPcap

（1）以管理员身份运行 WinPcap 安装文件，如图 1.2.19 所示。

图 1.2.19 以管理员身份运行 WinPcap 安装文件

（2）弹出“Welcome to the WinPcap 4.1.3 Setup Wizard”窗口，单击“Next”按钮，准备安装，如图 1.2.20 所示。

（3）弹出“License Agreement”窗口，单击“I Agree”按钮，接受许可协议，如图 1.2.21 所示。

（4）弹出“Installation options”窗口，单击“Install”按钮，开始安装，如图 1.2.22 所示。

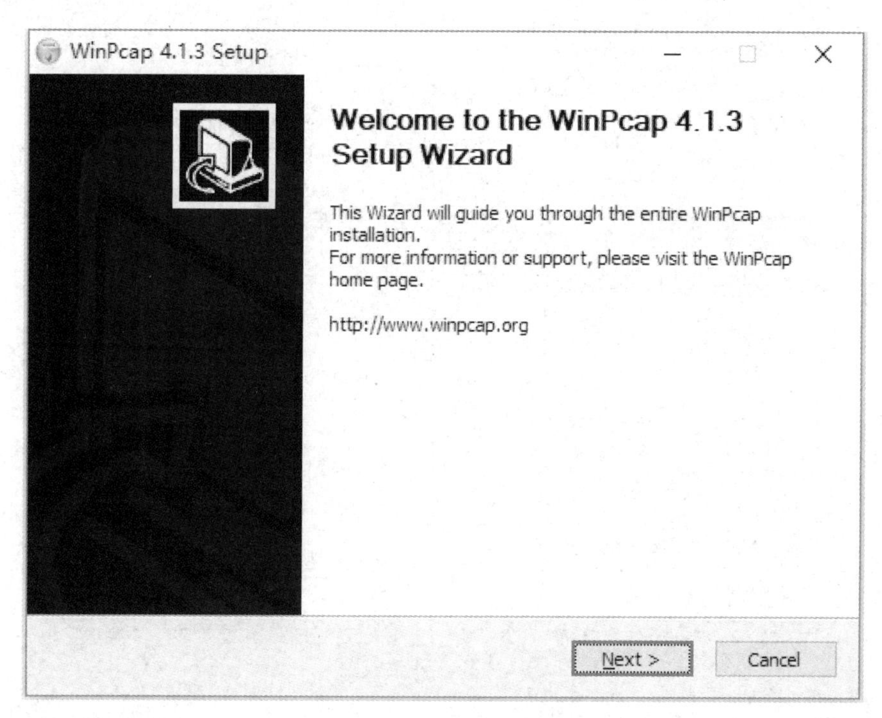

图 1.2.20　准备安装

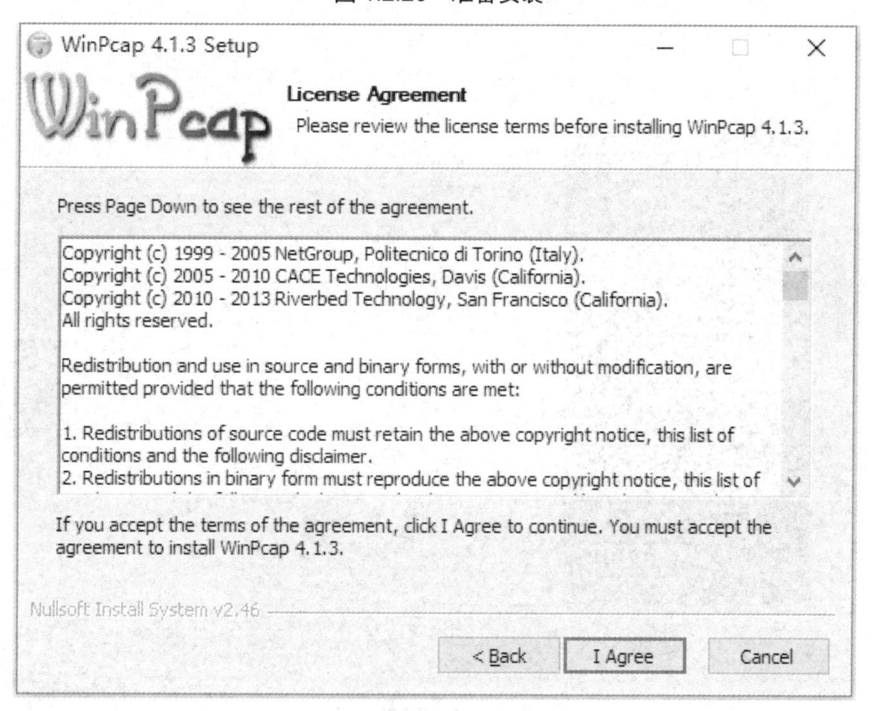

图 1.2.21　接受许可协议

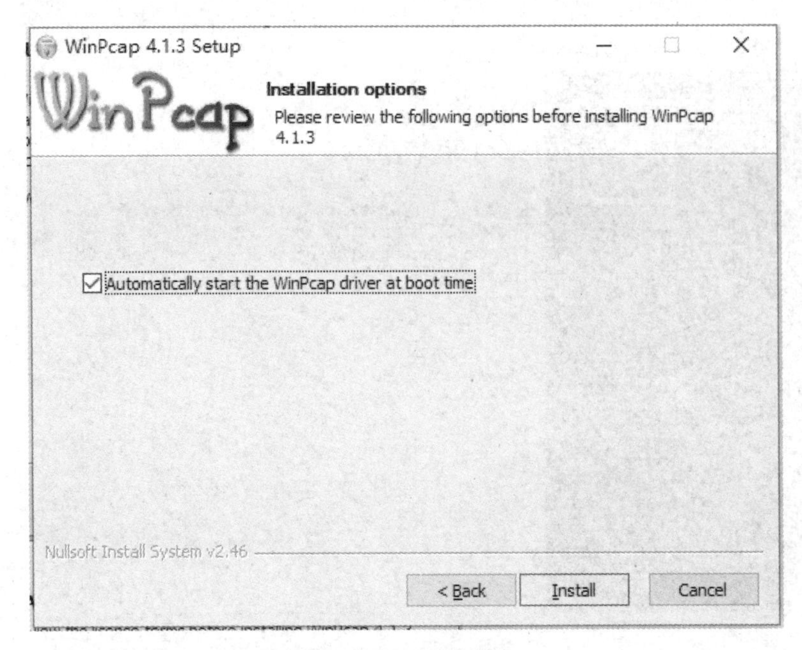

图 1.2.22　开始安装

（5）弹出“Completing the WinPcap 4.1.3 Setup Wizard”窗口，单击“Finish”按钮，完成安装，如图 1.2.23 所示。

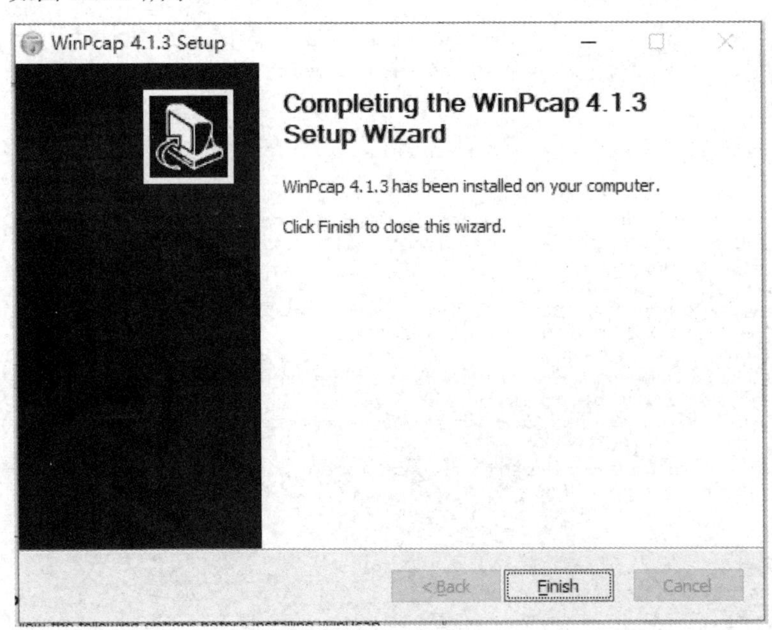

图 1.2.23　完成安装

4．安装 eNSP

（1）以管理员身份运行 eNSP 安装文件，如图 1.2.24 所示。

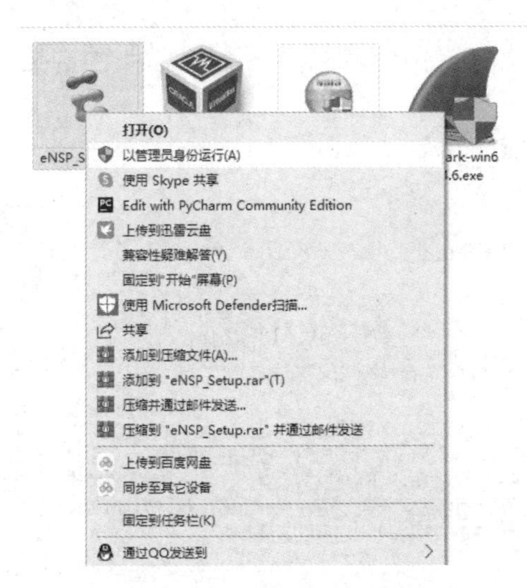

图 1.2.24　以管理员身份运行 eNSP 安装文件

（2）弹出“选择安装语言”对话框，一般选择“中文（简体）”选项，如图 1.2.25 所示。

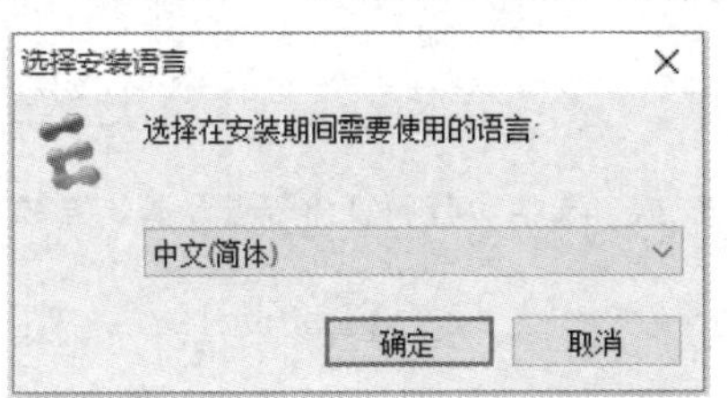

图 1.2.25　选择“中文（简体）”选项

（3）弹出“欢迎使用 Enterprise Network Simulation Platform(eNSP)安装向导”窗口，单击“下一步”按钮，如图 1.2.26 所示。

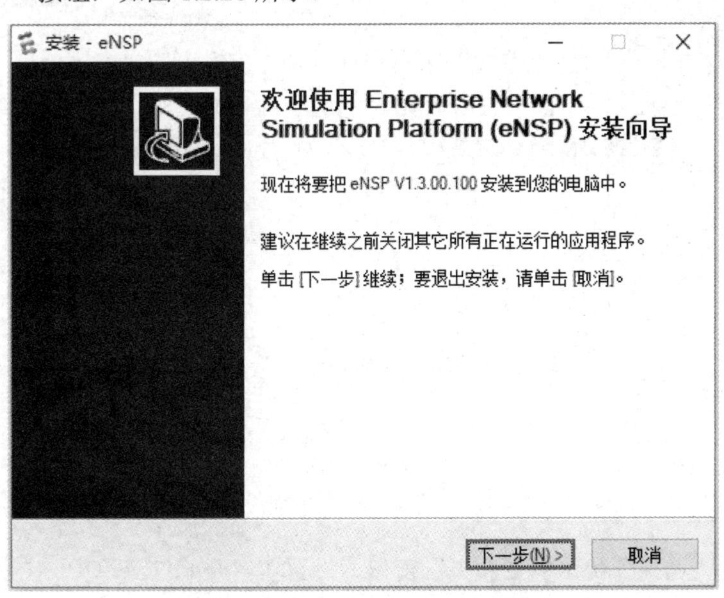

图 1.2.26　单击“下一步”按钮

（4）弹出“许可协议”窗口，选中“我愿意接受此协议”单选按钮，如图 1.2.27 所示，单击“下一步”按钮。

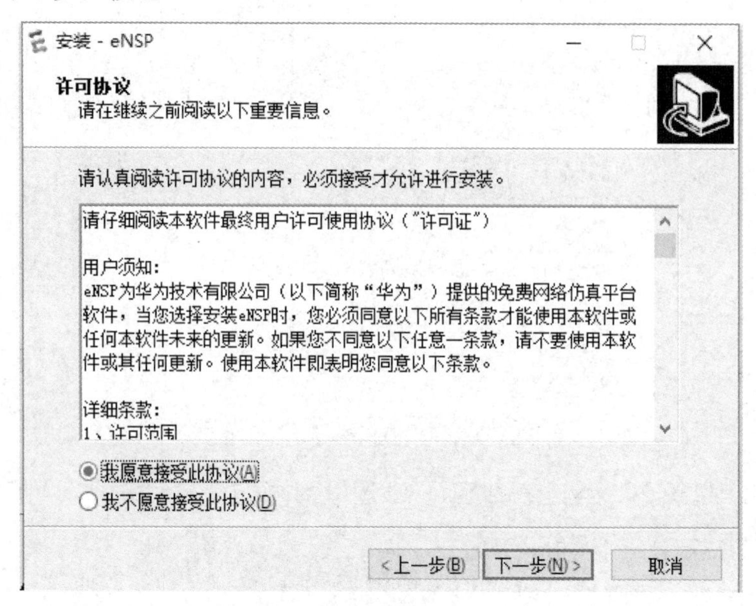

图 1.2.27　选中“我愿意接受此协议”单选按钮

（5）弹出“选择目标位置”窗口，选择安装路径，如图 1.2.28 所示，建议使用默认路径，单击“下一步”按钮。

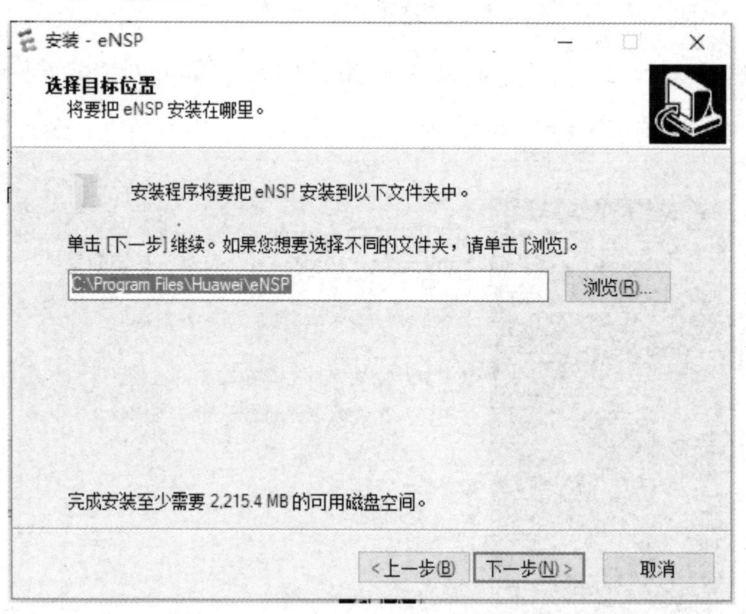

图 1.2.28　选择安装路径

（6）弹出“选择开始菜单文件夹”窗口，设置在“开始”菜单中 eNSP 文件夹的名称，建议使用默认名称，如图 1.2.29 所示，单击“下一步”按钮。

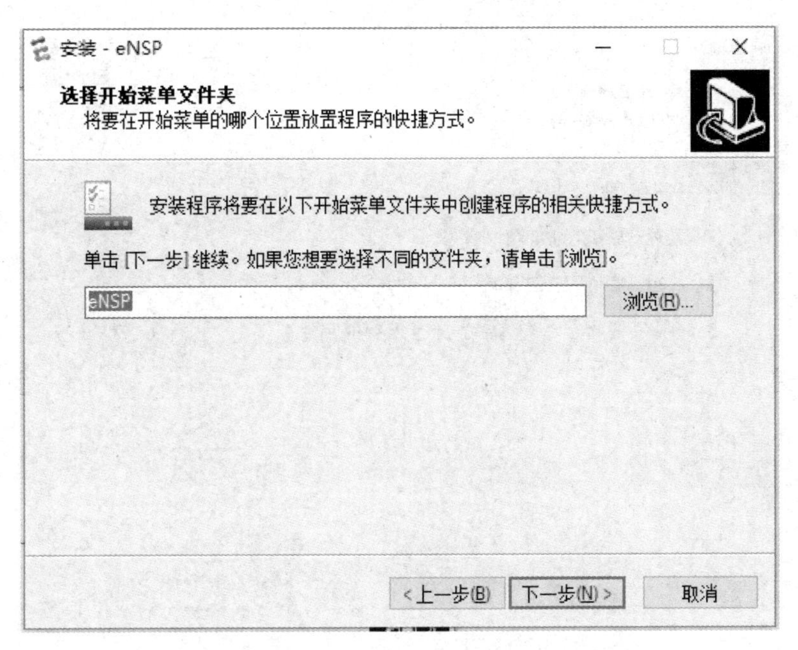

图 1.2.29　设置在“开始”菜单中 eNSP 文件夹的名称

（7）弹出“选择附加任务”窗口，勾选“创建桌面快捷图标”复选框，如图 1.2.30 所示，单击“下一步”按钮。

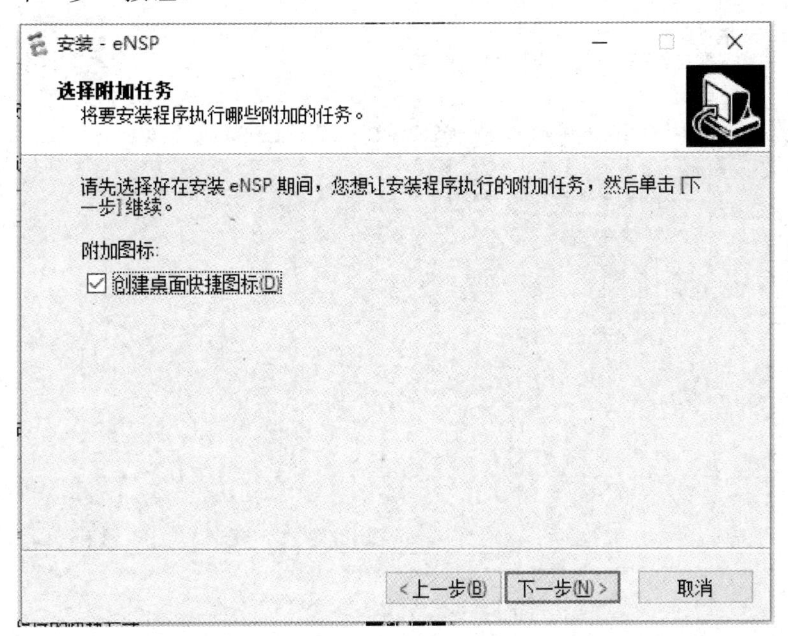

图 1.2.30　勾选“创建桌面快捷图标”复选框

（8）弹出“选择安装其他程序”窗口，进行插件检测，系统检测到 WinPcap、Wireshark 和 Virtual Box 三个插件已经安装，如图 1.2.31 所示，单击“下一步”按钮。

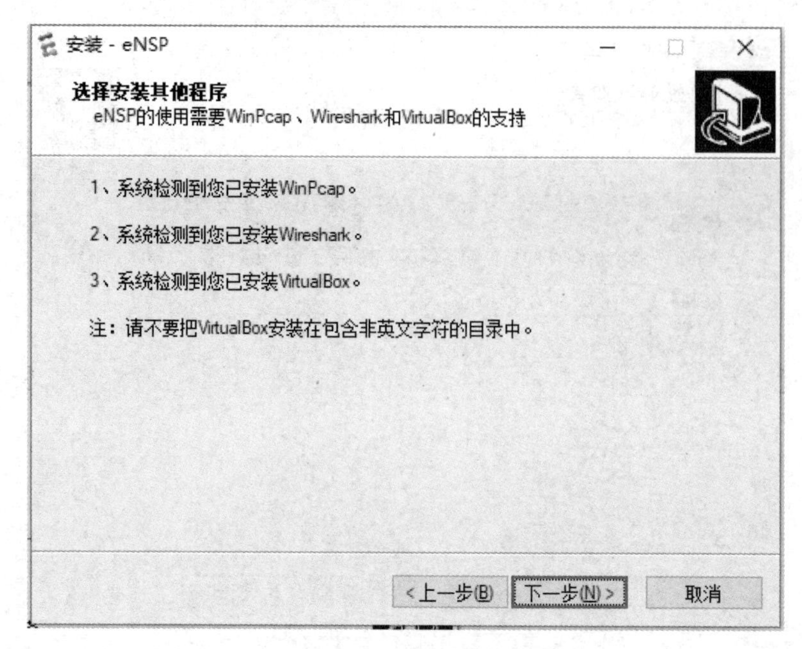

图 1.2.31　进行插件检测

（9）弹出“准备安装”窗口，单击“安装”按钮，开始安装 eNSP，如图 1.2.32 所示。

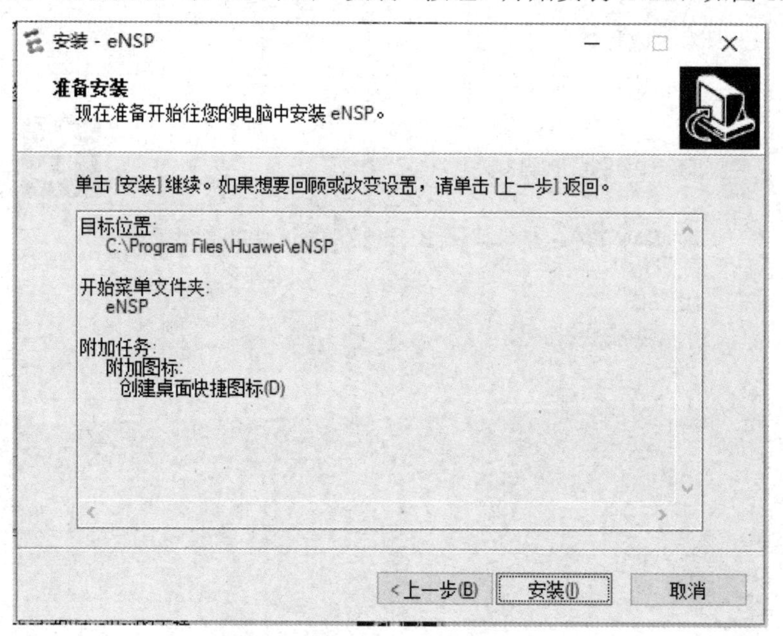

图 1.2.32　开始安装 eNSP

（10）弹出“正在安装”窗口，显示安装进度条，如图 1.2.33 所示。

（11）安装完成，弹出“正在完成 eNSP 安装向导”窗口，如图 1.2.34 所示。

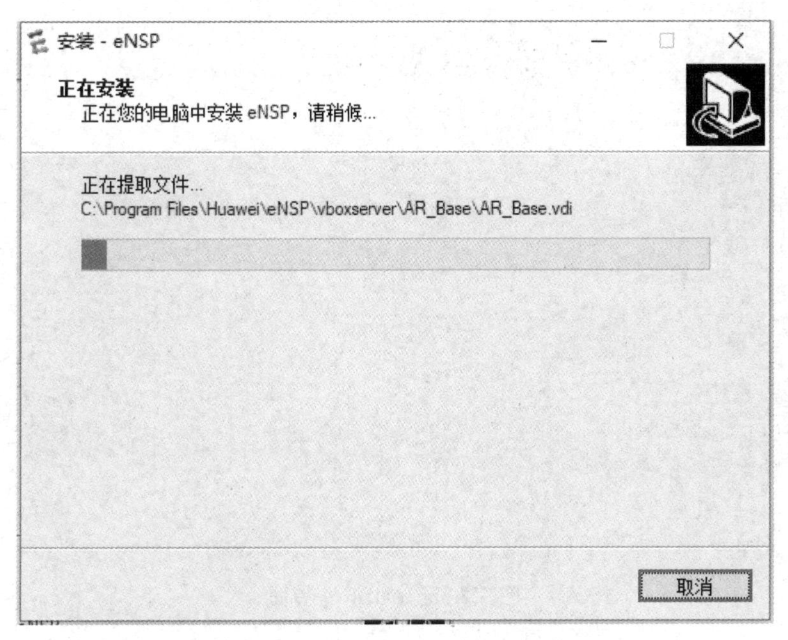

图 1.2.33　显示安装进度条

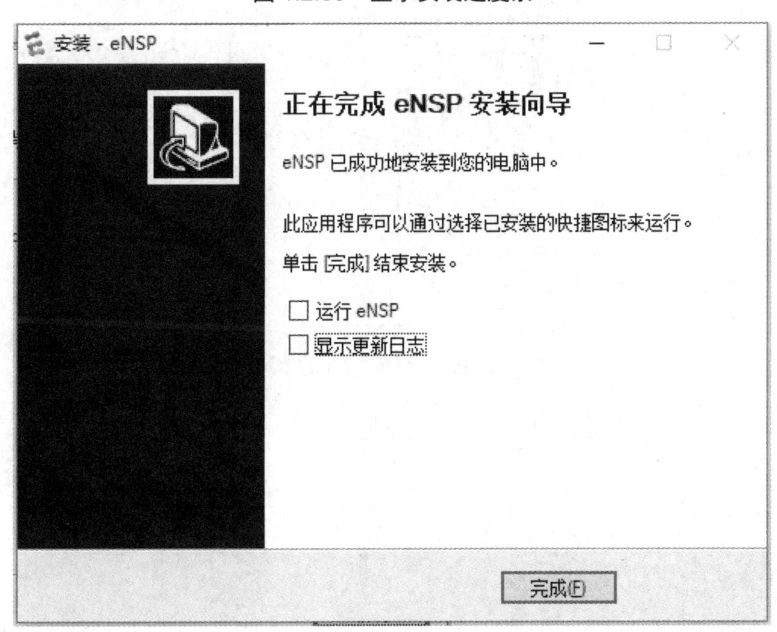

图 1.2.34　“正在完成 eNSP 安装向导”窗口

（12）双击图标，打开 eNSP，其主界面如图 1.2.35 所示。

（13）添加设备至工作区，在设备上右击，在弹出的快捷菜单中选择“启动”命令，测试软件是否能正常工作，如图 1.2.36 所示。

（14）启动设备，当设备正常启动后，即可开始实验，如图 1.2.37 所示。如果出现报错，请查看附录 A。

图 1.2.35　eNSP 主界面

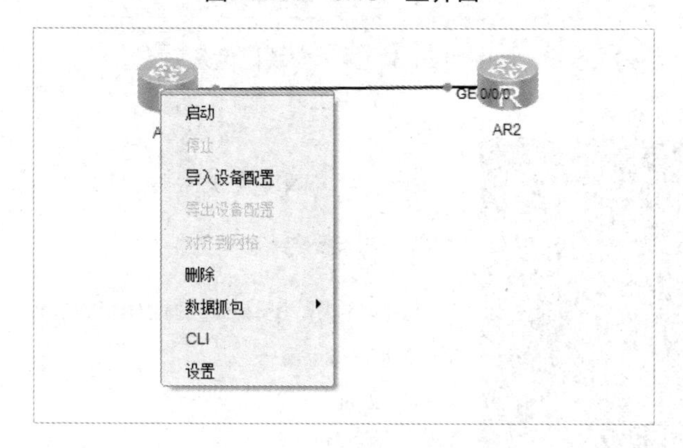

图 1.2.36　选择“启动”命令

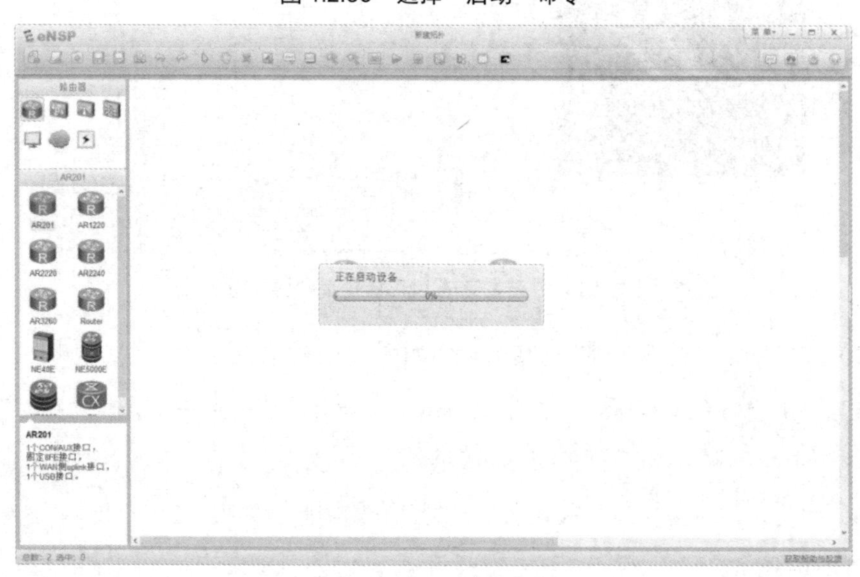

图 1.2.37　启动设备

实验 3：路由器/交换机的基本配置

控制端口（Console Port）是大部分设备的调试端口，除此以外，思科设备还有辅助端口（AUX Port），华为设备还有 Mini USB 接口作为辅助调试接口。这些端口和接口都可以在配置路由器时使用，但是我们一般推荐使用控制端口，控制端口更方便操作，通用性强，而且并不是所有的设备都有辅助端口或 Mini USB 接口。

当路由器第一次启动时，默认的情况下是没有网络参数的，路由器不能与任何网络进行通信，所以我们需要一个 RS-232 ASCII 终端或计算机仿真 ASCII 终端与控制端口连接。

实验目的

（1）掌握管理路由器/交换机的方法；

（2）掌握路由器/交换机的基本配置。

实验设备

主机	1 台
路由器	1 台
配置线	1 根
交叉线	1 根

实验拓扑

本实验的网络拓扑如图 1.3.1 所示，使用配置线连接路由器 RTA 的控制端口 Console 和主机 PC 的 RS232 端口，使用交叉线连接路由器 RTA 和主机 PC。网络拓扑中各设备接口的 IP 地址配置如表 1.3.1 所示。

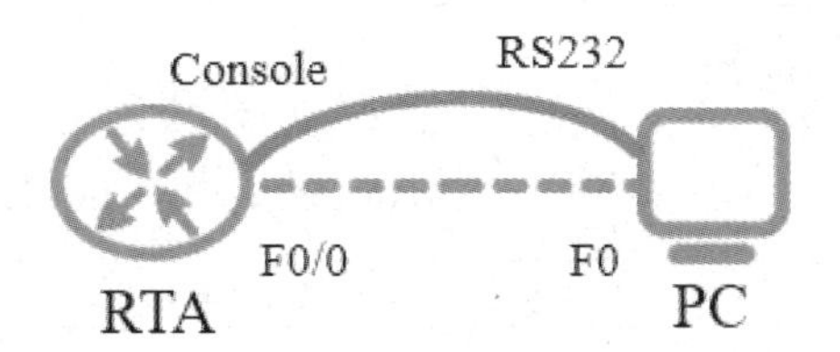

图 1.3.1　网络拓扑

表 1.3.1　各设备接口的 IP 地址配置

设备名称	接口编号	IP 地址	网关地址
RTA	F0/0	10.1.1.1/24	/
PC	F0	10.1.1.2/24	/

实验说明

通过控制端口连接网络设备，并进行基本命令操作，熟悉操作系统。开启设备虚拟终端接口，通过远程登录方式连接并控制网络设备。

命令描述

围绕实验目的，基于思科和华为平台，分别对实验中涉及的命令进行详细解释。思科平台的命令如表 1.3.2 所示，华为平台的命令如表 1.3.3 所示。

表 1.3.2　思科平台的命令

序号	命令	说明
1	**enable**	在用户模式下配置，使设备从用户模式进入特权模式
2	**configure terminal**	在特权模式下配置，使设备从特权模式进入全局配置模式
3	**hostname** word 例如：hostname RTA	修改思科设备的名称。其中，word 为设备名称
4	**interface** type chassis/slot/port 例如：interface fa0/0	进入接口模式。type 为接口类型，例如，快速以太网接口为 Fa，千兆以太网接口为 Gi；chassis 为框架号；slot 为插槽号；port 为接口号。编号部分因设备的不同而不同，interface fa0/0 指快速以太网接口 0/0，没有框架号
5	**ip address** ip-address network-mask 例如：ip address 10.1.1.1 255.255.255.0	配置接口的 IP 地址和子网掩码。其中，ip-address 为接口的 IP 地址，network-mask 为子网掩码
6	**line vty** vty-number 例如：line vty 0 4	创建远程登录 VTY 接口。VTY（Virtual Teletype Terminal），即虚拟终端。其中，vty-number 为接口编号，操作系统的版本不同，编号的范围也有所不同。vty-number 可以是一个数字编号，也可以是一个范围，如例中所示，0 是初始值，4 是结束值，表示可以同时打开 5 个会话
7	**privilege level** number 例如：privilege level 15	设置用户权限。其中，number 为权限等级，权限等级范围为 0~15 级，数值越高，权限越大，15 级为最高权限
8	**password** key-string 例如：password cisco	设置登录密码。其中，key-string 为登录密码
9	**login**	开启远程登录验证
10	**exit**	返回上一级模式
11	**end**	退回特权模式
12	**show running-config**	查看当前配置信息

表 1.3.3 华为平台的命令

序号	命令	说明
1	**system-view**	在华为设备的用户视图下配置，使设备从用户视图进入系统视图
2	**sysname** word 例如：sysname RTA	修改华为设备的名称
3	**interface** type chassis/slot/port 例如：interface g0/0/0	进入接口模式。其中，type 为接口类型；chassis 为框架号；slot 为插槽号；port 为端口号。编号部分因设备的不同而不同。interface g0/0/0 指千兆以太网接口 0/0/0，具备 3 个编号
4	**ip address** ip-address network-mask 例如：ip address 10.1.1.1 24	配置接口的 IP 地址和子网掩码。其中，ip-address 为接口的 IP 地址，network-mask 为子网掩码。子网掩码可以使用全掩码的形式或数字简写，数字表示子网掩码中网络标识位的长度。如例子中的 24 表示子网掩码为 255.255.255.0
5	**user-interface** vty vty-number 例如：user-interface vty 0 4	创建远程登录 VTY 接口。操作系统的版本不同，编号的范围也有所不同
6	**user privilege level** level-number 例如：user privilege level 15	设置用户权限。权限等级范围为 0~15 级，数值越高，权限越大，15 级为最高权限
7	**set authentication password cipher** key-string 例如：set authentication password cipher Huawei	设置登录密码。其中，key-string 为登录密码
8	**quit**	返回上一级模式
9	**display current-configuration**	查看当前配置信息

配置实例

本实验可以在实物环境和模拟环境下完成，下面分别介绍两种环境下的操作步骤，建议读者初期尽量使用真实设备操作，便于熟悉硬件环境。

1. 实物环境下的连接设置

（1）使用配置线将个人计算机和路由器/交换机连接起来，一端连接个人计算机的 COM 端口，一端连接设备的 Console 端口。通常情况下，笔记本电脑是没有 COM 端口的，所以使用 USB-RS232 转接线来连接，如图 1.3.2 所示。

（2）SecureCRT 是一款支持多种登录方式的终端仿真程序，简单地说，它是在 Windows 操作系统中登录 UNIX 或 Linux 服务器主机的软件。在 SecureCRT 中创建新连接，如图 1.3.3 所示。将“Protocol”（协议类型）设置为“Serial”（串口）；将“Port”（连接端口）与计算机硬件中实际 Console 线连接的 COM 端口设置为一致，本案例中为“COM3”，串口参数的配置如表 1.3.4 所示。

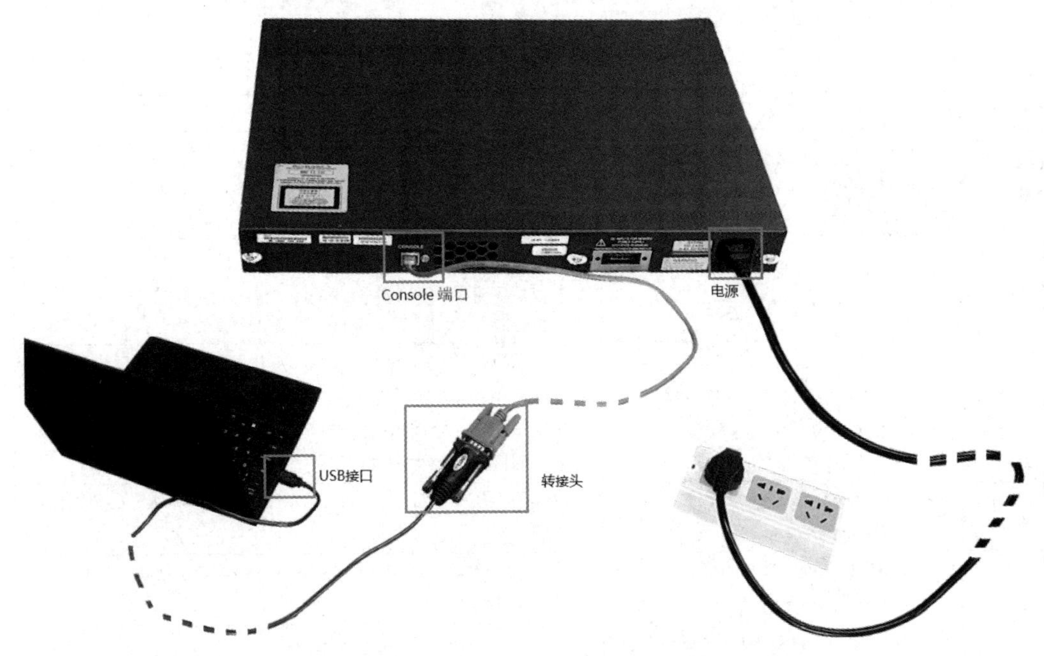

图 1.3.2　使用 USB-RS232 转接线连接个人计算机和路由器/交换机

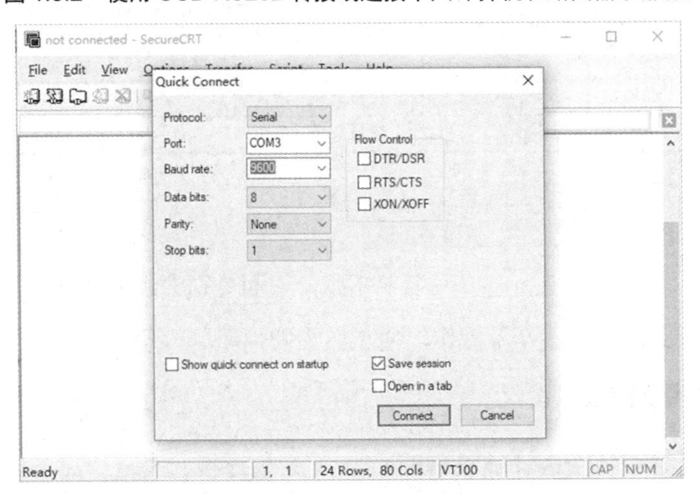

图 1.3.3　创建新连接

表 1.3.4　串口参数的配置

属性	设定值
波特率	9600bps（默认值）
数据位	8
奇偶校验位	无
停止位	1
数据流控制	无

（3）串口参数设置完成后，单击“Connect”按钮，如果连接成功，则显示命令行界面，如图 1.3.4 所示。

图 1.3.4　命令行界面

2. 模拟环境下的连接设置

1）思科平台

（1）配置路由器及主机接口的 IP 地址。

路由器 A：

```
Router>enable
Router#configure terminal
Router(config)#hostname RTA
RTA(config)#interface f0/0
RTA(config-if)#ip address 10.1.1.1 255.255.255.0
RTA(config-if)#no shutdown
```

主机 A：单击工作区的主机图标，选择“Desktop”→“IP Configuration”选项，如图 1.3.5 所示，打开“IP Configuration”对话框，配置 IP 地址。将“IPv4 Address”（主机的 IP 地址）设置为“10.1.1.2”，“Subnet Mask”（子网掩码）设置为“255.255.255.0”，如图 1.3.6 所示。

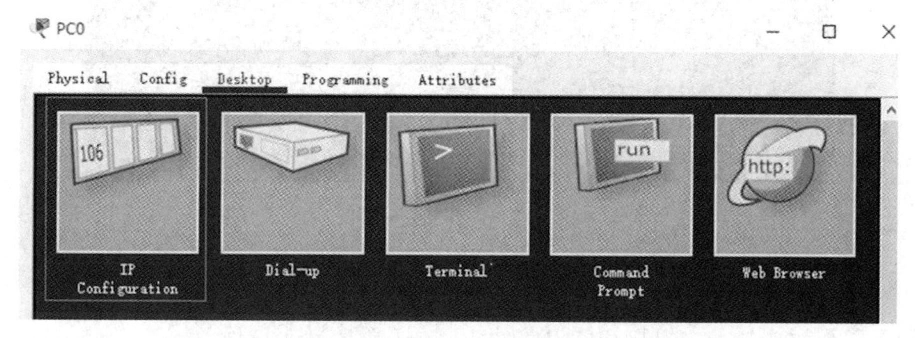

图 1.3.5　选择“Desktop”→“IP Configuration”选项

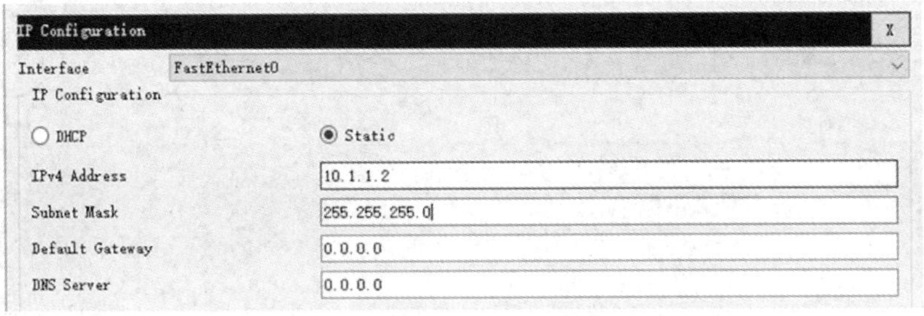

图 1.3.6　设置主机的 IP 地址及子网掩码

（2）打开远程登录功能。

```
RTA(config)#line vty 0 4
RTA(config-line)#privilege level 15
RTA(config-line)#password cisco
RTA(config-line)#login
RTA(config-line)#exit
RTA(config)#exit
RTA#write
```

（3）通过主机远程连接路由器。

选择“Command Prompt”选项，如图 1.3.7 所示，打开“Command Prompt”对话框，输入命令“telnet 10.1.1.1”，连接路由器，如图 1.3.8 所示。

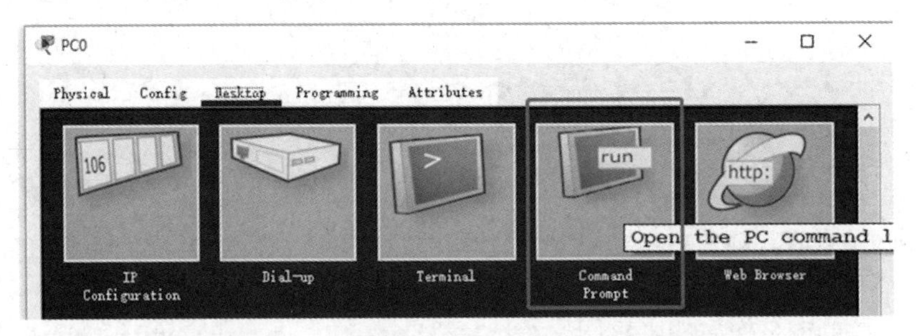

图 1.3.7　选择“Command Prompt”选项

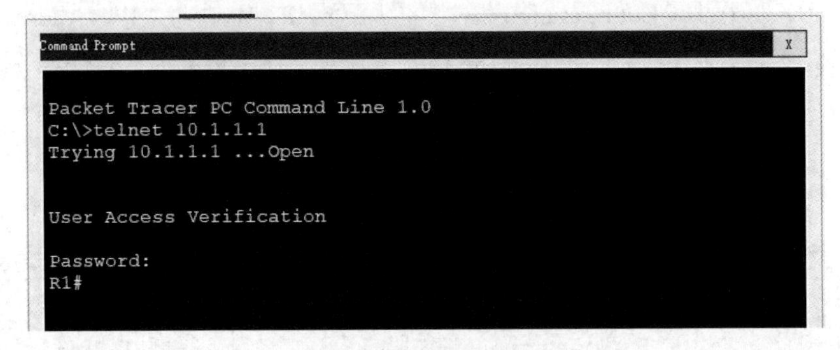

图 1.3.8　连接路由器

2）华为平台

（1）配置路由器及主机接口的 IP 地址。

路由器 A：

```
<Huawei>system-view
[Huawei]sysname RTA
[RTA]interface G0/0/0
[RTA-GigabitEthernet0/0/0]ip address 10.1.1.1 24
```

主机 A：右击设备，在弹出的快捷菜单中选择“设置”命令，如图 1.3.9 所示。进入 IP 地址配置界面，将“IP 地址”设置为“10.1.1.2”，“子网掩码”设置为“255.255.255.0”，如图 1.3.10 所示。

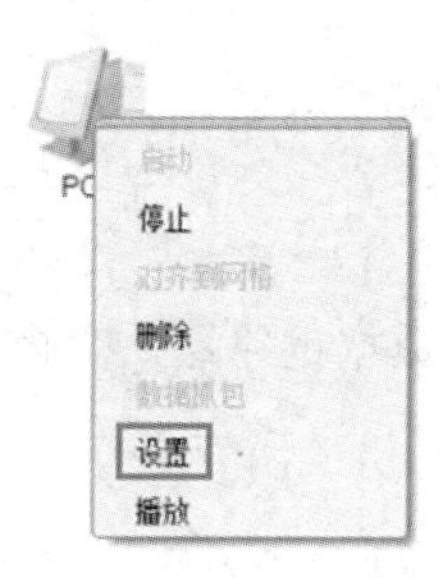

图 1.3.9　进入 IP 地址配置界面

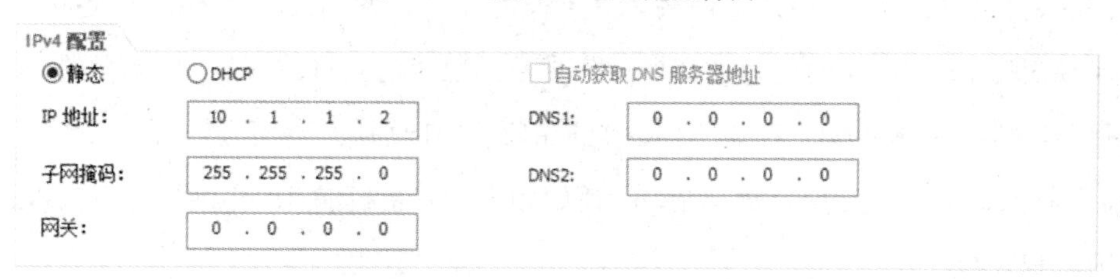

图 1.3.10　设置主机 IP 地址及子网掩码

（2）打开远程登录功能。

```
[RTA]user-interface vty 0 4
[RTA-ui-vty0-4]user privilege level 15
[RTA-ui-vty0-4]set authentication password cipher huawei
```

（3）通过主机远程连接路由器。

在 eNSP 中，虚拟主机暂不支持 telnet 命令，可以使用路由器代替虚拟主机来实现此功能。

```
<Huawei>system-view
[Huawei]sysname Client
[Client]interface GigabitEthernet 0/0/0
[Client-GigabitEthernet0/0/0]ip address 10.1.1.2 24
<Client>telnet 10.1.1.1
```

思维拓展

1．路由器/交换机的几种配置模式有什么区别？

2．在使用 Console 端口连接设备时，需要注意什么？

第二章 交换实验

交换机工作于OSI参考模型的数据链路层。交换机有一条背部总线和一个内部交换矩阵，其中，背部总线用于连接交换机的所有端口，交换机内部的CPU会在每个端口成功连接时，将MAC地址（网卡的物理地址）和端口对应，形成一张MAC地址表。在工作时，交换机接收到数据包后，处理端口会查找内存中的MAC地址表，以确定目的MAC地址连接在哪个端口上，通过内部交换矩阵将数据包传送到目的端口。如果目的MAC地址不存在，则广播到所有的端口，在接收到端口的回应后，交换机会“学习”新的MAC地址，并将其添加至内部交换矩阵中。广播后如果没有主机的MAC地址与目的MAC地址相同，则丢弃。

按照OSI参考模型，交换机可以分为二层交换机和三层交换机。基于MAC地址工作的二层交换机最普遍，常用于网络接入层和汇聚层。而三层交换机将二层交换技术和三层转发功能结合在一起，在二层交换机的基础上增加了路由功能，可以实现大型局域网内部数据包的高速转发。三层交换机可以配置不同VLAN的IP地址，VLAN之间可通过三层路由实现不同VLAN之间的通信。

本章重点学习交换机的基本配置，通过实验熟练掌握VLAN划分、Trunk配置及VLAN间路由等交换机配置操作。

实验1：虚拟局域网划分

普通交换机属于数据链路层设备，无法分割广播域，而虚拟局域网VLAN（Virtual Local Area Network）可以用来隔离广播信息，提高网络通信效率。VLAN是一种将局域网设备从逻辑上划分成一个个网段，从而实现虚拟工作组的数据交换技术。每一个VLAN都是一个广播域，是一个通信子网，同一VLAN的主机可以相互通信，不同VLAN的主机不能直接通信。

实验目的

（1）掌握为交换机创建 VLAN 的方法；

（2）掌握把接口放入 VLAN 的方法。

实验设备

交换机　　1 台

主机　　2 台

直通线　　2 根

实验拓扑

本实验的网络拓扑如图 2.1.1 所示。使用直通线将主机 PC1 和 PC2 连接至交换机 SW1。网络拓扑中各设备接口的 IP 地址配置如表 2.1.1 所示。

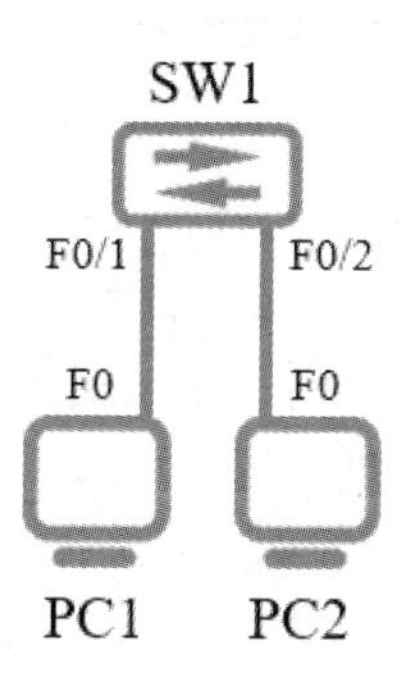

图 2.1.1　网络拓扑

表 2.1.1　各设备接口的 IP 地址配置

设备名称	接口编号	IP 地址	网关地址
SW1	F0/1	/	/
	F0/2	/	/
PC1	F0	10.1.1.1/24	/
PC2	F0	10.1.1.2/24	/

实验说明

选择一台交换机 SW1，并接入两台主机 PC1 和 PC2，主机配置 10.1.1.0/24 网段地址，两台主机可以通信。在交换机 SW1 上创建两个 VLAN，分别将主机接入两个 VLAN，此时两台主机的广播域被隔离，无法通信。

命令描述

围绕虚拟局域网划分的实验目的，基于思科和华为平台，分别对实验中涉及的命令进行详细解释。思科平台的命令如表 2.1.2 所示，华为平台的命令如表 2.1.3 所示。

表 2.1.2　思科平台的命令

序号	命令	说明
1	**configure terminal**	进入全局配置模式
2	**vlan** vlan-id 例如：vlan 10	创建 VLAN。其中，vlan-id 为创建的 VLAN 编号，范围为 1～4094，vlan 1 为默认 VLAN
3	**interface** type chassis/slot/port 例如：interface f0/1	进入接口模式
4	**switchport mode access**	修改接口模式为接入模式。Access 模式即接入模式，是交换机端口连接终端设备的一种链路类型，如连接 PC、服务器等
5	**switchport access vlan** vlan-id 例如：switchport access vlan 10	将主机连接的接口加入对应 VLAN 中。其中，vlan-id 为 VLAN 编号
6	**show vlan brief**	查看 VLAN 的简要信息

表 2.1.3　华为平台的命令

序号	命令	说明
1	**vlan** （**batch**）vlan-id 例如：vlan batch 10 20	创建 VLAN。其中，batch 为可选项，如果使用 batch，可以同时创建多个 VLAN。vlan-id 为创建的 VLAN 编号，其范围为 1～4094，vlan 1 为默认 VLAN。例子中使用 batch 同时创建 vlan 10 和 vlan 20
2	**interface** type chassis/slot/port 例如：interface f0/1	进入接口视图
3	**port link-type access**	将接口链路类型设置为接入模式。Access 模式即接入模式，是交换机端口连接终端设备的一种链路类型，如连接 PC、服务器等
4	**port default vlan** vlan-id 例如：port default vlan 10	将主机连接的接口加入对应 VLAN，vlan-id 为 VLAN 编号
5	**display vlan**	查看 VLAN 的信息

配置实例

1．思科平台

（1）配置主机 PC1 和 PC2 的 IP 地址。分别打开主机 PC1 和 PC2 的“IP Configuration”对话框，配置主机的 IP 地址和子网掩码，如图 2.1.2 和图 2.1.3 所示。

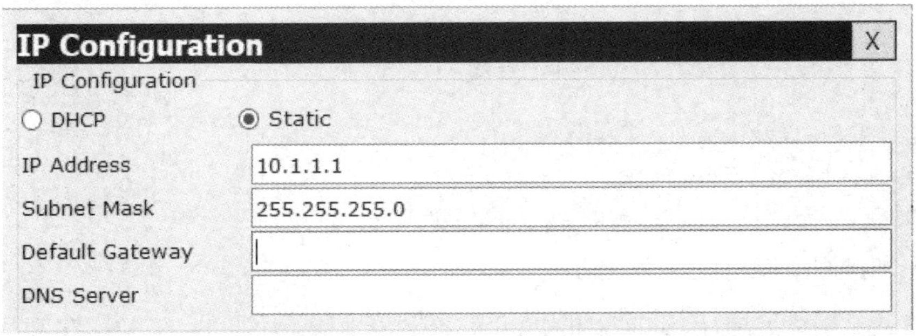

IP Configuration

IP Configuration

DHCP　　Static

IP Address　10.1.1.1

Subnet Mask　255.255.255.0

Default Gateway

DNS Server

图 2.1.2　PC1 的 IP 地址配置

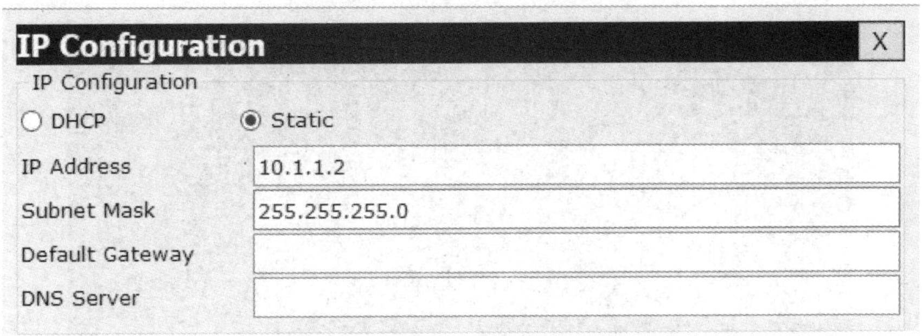

IP Configuration

IP Configuration

DHCP　　Static

IP Address　10.1.1.2

Subnet Mask　255.255.255.0

Default Gateway

DNS Server

图 2.1.3　PC2 的 IP 地址配置

（2）测试主机连通性。

此时主机 PC1 和 PC2 都属于默认的 vlan 1，所以能够连通，在 PC1 上 ping PC2，结果如图 2.1.4 所示。

```
PC>ping 10.1.1.2

Pinging 10.1.1.2 with 32 bytes of data:

Reply from 10.1.1.2: bytes=32 time=1ms TTL=128
Reply from 10.1.1.2: bytes=32 time=0ms TTL=128
Reply from 10.1.1.2: bytes=32 time=0ms TTL=128
Reply from 10.1.1.2: bytes=32 time=0ms TTL=128

Ping statistics for 10.1.1.2:
    Packets: Sent = 4, Received = 4, Lost = 0 (0%
loss),
Approximate round trip times in milli-seconds:
    Minimum = 0ms, Maximum = 1ms, Average = 0ms
```

图 2.1.4　PC1 和 PC2 的连通性测试结果

（3）创建 vlan 10 和 vlan 20。

```
SW1(config)#vlan 10
SW1(config-vlan)#exit
SW1(config)#vlan 20
SW1(config-vlan)#exit
```

（4）将主机接口加入指定的 VLAN。

```
SW1(config)#interface fastEthernet 0/1
```

```
SW1(config-if)#switchport mode access
SW1(config-if)#switchport access vlan 10
SW1(config-if)#exit
SW1(config)#interface fastEthernet 0/2
SW1(config-if)#switchport mode access
SW1(config-if)#switchport access vlan 20
```

（5）测试网络连通性。

再次测试网络连通性，此时主机 PC1 和 PC2 分别属于不同的 VLAN，在 PC1 上 ping PC2，发现两台主机之间不能通信，如图 2.1.5 所示。

```
PC>ping 10.1.1.2

Pinging 10.1.1.2 with 32 bytes of data:

Request timed out.
Request timed out.
Request timed out.
Request timed out.

Ping statistics for 10.1.1.2:
    Packets: Sent = 4, Received = 0, Lost = 4
(100% loss),
```

图 2.1.5　PC1 和 PC2 的连通性测试结果

（6）查看 VLAN 的信息。

输入“show vlan brief”命令，查看交换机 SW1 上所有 VLAN 的简要信息，可以看到除了默认的 vlan 1，还有创建的 vlan 10 和 vlan 20，如图 2.1.6 所示。

```
SW1#show vlan brief

VLAN Name                             Status    Ports
---- -------------------------------- --------- -------------------------------
1    default                          active    Fa0/3, Fa0/4, Fa0/5, Fa0/6
                                                Fa0/7, Fa0/8, Fa0/9, Fa0/10
                                                Fa0/11, Fa0/12, Fa0/13, Fa0/14
                                                Fa0/15, Fa0/16, Fa0/17, Fa0/18
                                                Fa0/19, Fa0/20, Fa0/21, Fa0/22
                                                Fa0/23, Fa0/24, Gig0/1, Gig0/2
10   VLAN0010                         active    Fa0/1
20   VLAN0020                         active    Fa0/2
1002 fddi-default                     active
1003 token-ring-default               active
1004 fddinet-default                  active
1005 trnet-default                    active
```

图 2.1.6　交换机 SW1 上所有 VLAN 的简要信息

2. 华为平台

（1）配置主机 PC1 和 PC2 的 IP 地址。

分别打开主机 PC1 和 PC2 的“IPv4 配置”界面，配置主机的 IP 地址和子网掩码，如图 2.1.7 和图 2.1.8 所示。

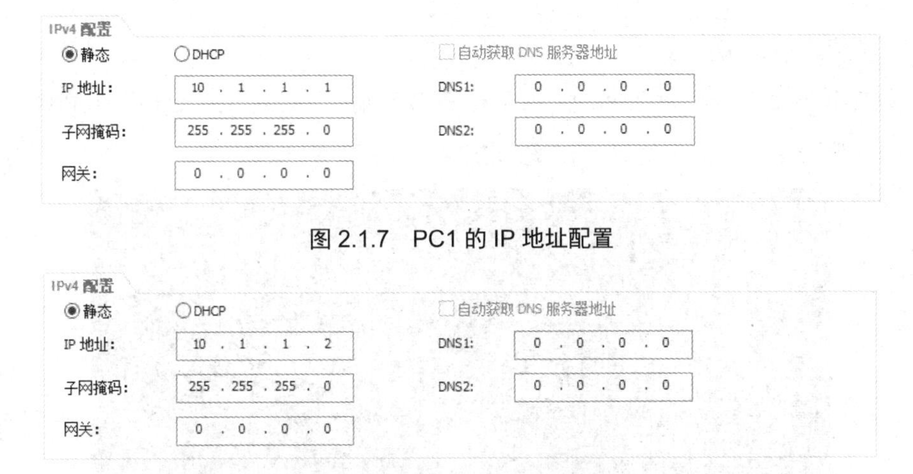

图 2.1.7　PC1 的 IP 地址配置

图 2.1.8　PC2 的 IP 地址配置

（2）测试主机连通性。

此时主机 PC1 和 PC2 都属于默认的 vlan 1，所以能够连通，在 PC1 上 ping PC2，结果如图 2.1.9 所示。

```
PC>ping 10.1.1.2

Ping 10.1.1.2: 32 data bytes, Press Ctrl_C to break
From 10.1.1.2: bytes=32 seq=1 ttl=128 time=16 ms
From 10.1.1.2: bytes=32 seq=2 ttl=128 time=31 ms
From 10.1.1.2: bytes=32 seq=3 ttl=128 time=15 ms
From 10.1.1.2: bytes=32 seq=4 ttl=128 time=16 ms
From 10.1.1.2: bytes=32 seq=5 ttl=128 time=31 ms

--- 10.1.1.2 ping statistics ---
  5 packet(s) transmitted
  5 packet(s) received
  0.00% packet loss
  round-trip min/avg/max = 15/21/31 ms
```

图 2.1.9　PC1 和 PC2 的连通性测试结果

（3）创建 vlan 10 和 vlan 20。

```
[SW1]vlan 10
[SW1-vlan10]quit
[SW1]vlan 20
[SW1-vlan20]quit
```

（4）将主机接口加入指定的 VLAN。

```
[SW1]interface GigabitEthernet 0/0/1
[SW1-GigabitEthernet0/0/1]port link-type access
[SW1-GigabitEthernet0/0/1]port default vlan 10
[SW1]interface GigabitEthernet 0/0/2
[SW1-GigabitEthernet0/0/2]port link-type access
[SW1-GigabitEthernet0/0/2]port default vlan 20
```

（5）测试网络连通性。

再次测试网络连通性，此时主机 PC1 和 PC2 分别属于不同的 VLAN，在 PC1 上 ping PC2，发现两台主机之间不能通信，如图 2.1.10 所示。

```
PC>ping 10.1.1.2

Ping 10.1.1.2: 32 data bytes, Press Ctrl_C to break
From 10.1.1.1: Destination host unreachable
From 10.1.1.1: Destination host unreachable
From 10.1.1.1: Destination host unreachable
From 10.1.1.1: Destination host unreachable
From 10.1.1.1: Destination host unreachable

--- 10.1.1.2 ping statistics ---
  5 packet(s) transmitted
  0 packet(s) received
  100.00% packet loss
```

图 2.1.10　PC1 和 PC2 的连通性测试结果

（6）查看 VLAN 的信息。

输入“display vlan”命令，查看交换机 SW1 上所有 VLAN 的信息，可以看到除了默认 vlan 1，还有创建的 vlan 10 和 vlan 20，如图 2.1.11 所示。

```
[SW1]display vlan
The total number of vlans is : 3
--------------------------------------------------------------------------------
U: Up;         D: Down;         TG: Tagged;         UT: Untagged;
MP: Vlan-mapping;               ST: Vlan-stacking;
#: ProtocolTransparent-vlan;    *: Management-vlan;
--------------------------------------------------------------------------------

VID  Type    Ports
--------------------------------------------------------------------------------
1    common  UT:GE0/0/3(D)      GE0/0/4(D)      GE0/0/5(D)      GE0/0/6(D)
                GE0/0/7(D)      GE0/0/8(D)      GE0/0/9(D)      GE0/0/10(D)
                GE0/0/11(D)     GE0/0/12(D)     GE0/0/13(D)     GE0/0/14(D)
                GE0/0/15(D)     GE0/0/16(D)     GE0/0/17(D)     GE0/0/18(D)
                GE0/0/19(D)     GE0/0/20(D)     GE0/0/21(D)     GE0/0/22(D)
                GE0/0/23(D)     GE0/0/24(D)

10   common  UT:GE0/0/1(U)
20   common  UT:GE0/0/2(U)

VID  Status  Property      MAC-LRN Statistics Description
--------------------------------------------------------------------------------

1    enable  default       enable  disable    VLAN 0001
10   enable  default       enable  disable    VLAN 0010
20   enable  default       enable  disable    VLAN 0020
```

图 2.1.11　交换机 SW1 上所有 VLAN 的信息

思维拓展

1．两台主机不在同一个 VLAN 中，能否相互通信，为什么？

2．两台主机在同一个 VLAN 中，但 IP 地址不在同一个网段，能否相互通信？

实验 2：中继链路配置

中继链路连接不同的交换机，保证同一个 VLAN 的成员在跨越多个交换机时能够相互通信。其中，交换机之间的连接端口被称为 Trunk 端口。如果划分了多个 VLAN，中继链路可以承载这些 VLAN 的信息。为了区分经过中继链路的流量所属的 VLAN，可以使用公有标记协议 802.1Q，另外思科还提供了私有封装协议 ISL。在默认情况下，思科设备的 Trunk 端口允许所有 VLAN 通过，而华为设备的 Trunk 端口只允许 vlan 1 通过，其他 VLAN 需要放行。

实验目的

（1）了解中继链路的工作原理和封装协议；

（2）掌握交换机 Trunk 端口的配置方法。

实验设备

主机	4 台
交换机	2 台
交叉线	1 根
直通线	4 根

实验拓扑

本实验的网络拓扑如图 2.2.1 所示。使用交叉线连接交换机 SW1 和 SW2，使用直通线将主机 PC1 和 PC2 连接至 SW1，主机 PC3 和 PC4 连接至 SW2。网络拓扑中各设备接口的 IP 地址配置如表 2.2.1 所示。

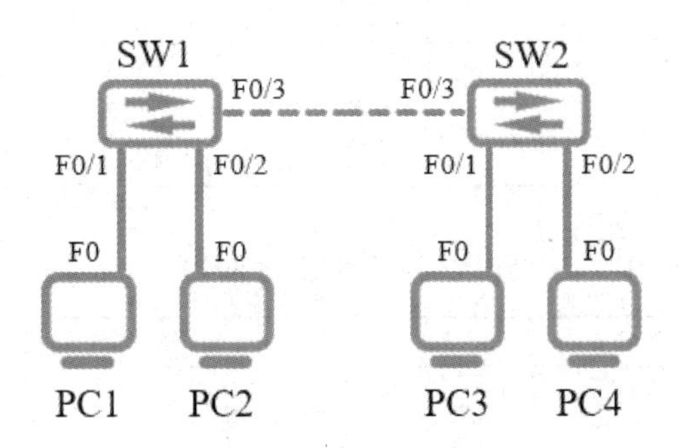

图 2.2.1　网络拓扑

表 2.2.1　各设备接口的 IP 地址配置

设备名称	接口编号	IP 地址	网关地址
SW1	F0/1	/	/
	F0/2	/	/
	F0/3	/	/
SW2	F0/1	/	/
	F0/2	/	/
	F0/3	/	/
PC1	F0	10.1.1.1/24	/
PC2	F0	10.1.2.1/24	/
PC3	F0	10.1.1.2/24	/
PC4	F0	10.1.2.2/24	/

实验说明

在两个交换机上分别创建 vlan 10 和 vlan 20，并且把 F0/1 划入 vlan 10，F0/2 划入 vlan 20，将交换机之间的链路设置为 Trunk，使同一个 VLAN 的主机可以相互访问。

命令描述

围绕中继链路配置的实验目的，基于思科和华为平台，分别对实验中涉及的命令进行详细解释。思科平台的命令如表 2.2.2 所示，华为平台的命令如表 2.2.3 所示。

表 2.2.2　思科平台的命令

序号	命令	说明
1	**interface** type chassis/slot/port 例如：interface f0/1	进入接口模式
2	**switchport trunk encapsulation dot1q/isl** 例如：switchport trunk encapsulation dot1q	修改端口的封装方式。其中，isl（Inter-Switch Link）是思科公司的私有协议，只能在思科设备上使用；dot1q 即 IEEE 802.1Q 协议，是共有协议。如果使用二层交换机，则不需要此命令。如果使用三层交换机，则需要指定接口的封装方式
3	**switchport mode trunk**	把端口模式设置为 Trunk 模式。Trunk 模式主要用于交换机之间的连接，以便在链路上承载多个 VLAN
4	**show interface trunk**	查看 Trunk 端口的状态

表 2.2.3　华为平台的命令

序号	命令	说明
1	**interface** type chassis/slot/port 例如：interface f0/1	进入接口视图
2	**port link-type trunk**	将接口的链路类型设置为 Trunk 模式

续表

序号	命令	说明
3	**port trunk allow-pass vlan vlan-id** 例如：port trunk allow-pass vlan all	指定允许通过的 VLAN。其中，vlan-id 为允许通过的 VLAN 编号，华为交换机的 Trunk 端口默认只允许 vlan 1 通过，其他 VLAN 需要放行，思科交换机默认允许所有 VLAN 通过。例子“port trunk allow-pass vlan all”的意思是该端口允许所有 VLAN 的数据帧通过
4	**display port vlan**	查看 Trunk 端口的状态

配置实例

1．思科平台

（1）分别在 SW1 和 SW2 上创建 vlan 10 和 vlan 20。

```
SW1(config)#vlan 10
SW1(config-vlan)#exit
SW1(config)#vlan 20
SW1(config-vlan)#exit

SW2(config)#vlan 10
SW2(config-vlan)#exit
SW2(config)#vlan 20
SW2(config-vlan)#exit
```

（2）将对应主机接入 vlan 10 和 vlan 20。

```
SW1(config)#interface fastEthernet 0/1
SW1(config-if)#switchport mode access
SW1(config-if)#switchport access vlan 10
SW1(config-if)#exit
SW1(config)#interface fastEthernet 0/2
SW1(config-if)#switchport mode access
SW1(config-if)#switchport access vlan 20
SW1(config-if)#exit

SW2(config)#interface fastEthernet 0/1
SW2(config-if)#switchport mode access
SW2(config-if)#switchport access vlan 10
SW2(config-if)#exit
SW2(config)#interface fastEthernet 0/2
SW2(config-if)#switchport mode access
SW2(config-if)#switchport access vlan 20
SW2(config-if)#exit
```

（3）将交换机之间的连接接口设置为 Trunk 模式。

```
SW1(config)#interface fastEthernet 0/3
SW1(config-if)#switchport mode trunk

SW2(config)#interface fastEthernet 0/3
```

```
SW2(config-if)#switchport mode trunk
```

（4）配置各主机的 IP 地址。

分别打开主机 PC1、PC2、PC3 和 PC4 的“IP Configuration”对话框，配置各主机的 IP 地址和子网掩码，如图 2.2.2～图 2.2.5 所示。

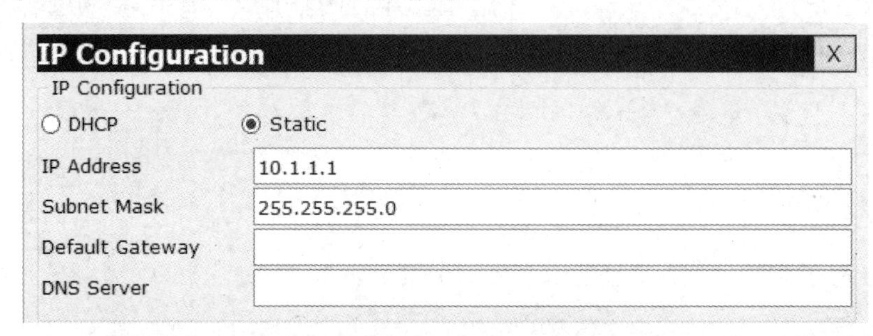

图 2.2.2　PC1 的 IP 地址配置

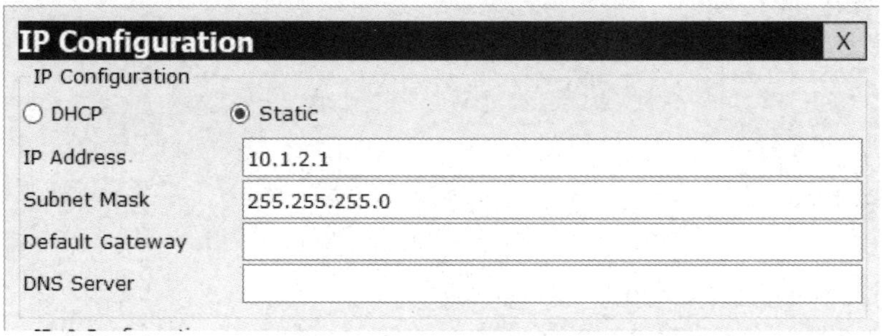

图 2.2.3　PC2 的 IP 地址配置

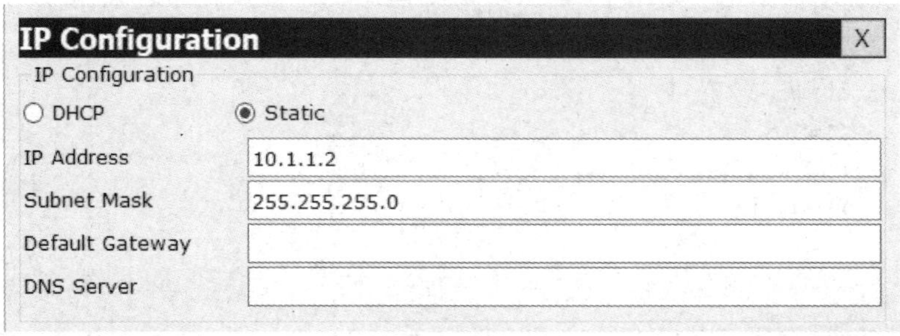

图 2.2.4　PC3 的 IP 地址配置

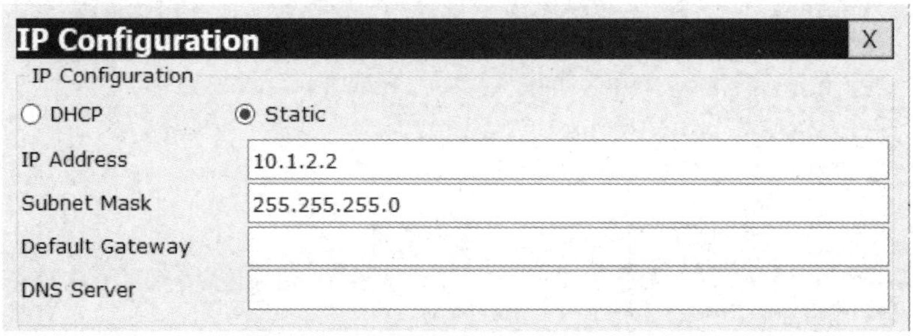

图 2.2.5　PC4 的 IP 地址配置

（5）测试同一 VLAN 中主机的连通性。

此时主机 PC1 和 PC3 都属于 vlan 10，所以能够连通，在 PC1 上 ping PC3，结果如图 2.2.6 所示。主机 PC2 和 PC4 都属于 vlan 20，所以能够连通，在 PC2 上 ping PC4，结果如图 2.2.7 所示。

```
PC>ping 10.1.1.2

Pinging 10.1.1.2 with 32 bytes of data:

Reply from 10.1.1.2: bytes=32 time=1ms TTL=128
Reply from 10.1.1.2: bytes=32 time=0ms TTL=128
Reply from 10.1.1.2: bytes=32 time=0ms TTL=128
Reply from 10.1.1.2: bytes=32 time=0ms TTL=128

Ping statistics for 10.1.1.2:
    Packets: Sent = 4, Received = 4, Lost = 0 (0%
loss),
Approximate round trip times in milli-seconds:
    Minimum = 0ms, Maximum = 1ms, Average = 0ms
```

图 2.2.6　PC1 和 PC3 的连通性测试结果

```
PC>ping 10.1.2.2

Pinging 10.1.2.2 with 32 bytes of data:

Reply from 10.1.2.2: bytes=32 time=7ms TTL=128
Reply from 10.1.2.2: bytes=32 time=0ms TTL=128
Reply from 10.1.2.2: bytes=32 time=0ms TTL=128
Reply from 10.1.2.2: bytes=32 time=1ms TTL=128

Ping statistics for 10.1.2.2:
    Packets: Sent = 4, Received = 4, Lost = 0 (0%
loss),
Approximate round trip times in milli-seconds:
    Minimum = 0ms, Maximum = 7ms, Average = 2ms
```

图 2.2.7　PC2 和 PC4 的连通性测试结果

2. 华为平台

（1）分别在 SW1 和 SW2 上创建 vlan 10 和 vlan 20。

```
[SW1]vlan 10
[SW1-vlan10]quit
[SW1]vlan 20
[SW1-vlan20]quit

[SW2]vlan 10
[SW2-vlan10]quit
[SW2]vlan 20
[SW2-vlan20]quit
```

（2）将对应主机接入 vlan 10 和 vlan 20。

```
[SW1]interface GigabitEthernet 0/0/1
[SW1-GigabitEthernet0/0/1]port link-type access
```

```
[SW1-GigabitEthernet0/0/1]port default vlan 10
[SW1]interface GigabitEthernet 0/0/2
[SW1-GigabitEthernet0/0/2]port link-type access
[SW1-GigabitEthernet0/0/2]port default vlan 20

[SW2]interface GigabitEthernet 0/0/1
[SW2-GigabitEthernet0/0/1]port link-type access
[SW2-GigabitEthernet0/0/1]port default vlan 10
[SW2]interface GigabitEthernet 0/0/2
[SW2-GigabitEthernet0/0/2]port link-type access
[SW2-GigabitEthernet0/0/2]port default vlan 20
```

（3）将交换机之间的连接接口设置为 Trunk 接口。

```
[SW1]interface GigabitEthernet 0/0/3
[SW1-GigabitEthernet0/0/3]port link-type trunk
[SW1-GigabitEthernet0/0/3]port trunk allow-pass vlan all

[SW2]interface GigabitEthernet 0/0/3
[SW2-GigabitEthernet0/0/3]port link-type trunk
[SW2-GigabitEthernet0/0/3]port trunk allow-pass vlan all
```

（4）配置各主机的 IP 地址。

分别打开主机 PC1、PC2、PC3 和 PC4 的“IPv4 配置”界面，配置主机的 IP 地址和子网掩码，如图 2.2.8～图 2.2.11 所示。

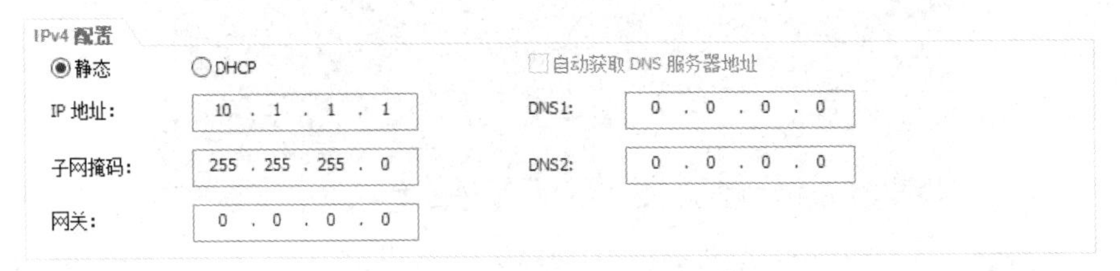

图 2.2.8　PC1 的 IP 地址配置

IPv4 配置
静态　DHCP　自动获取 DNS 服务器地址
IP 地址:　10 . 1 . 2 . 1　DNS1:　0 . 0 . 0 . 0
子网掩码:　255 . 255 . 255 . 0　DNS2:　0 . 0 . 0 . 0
网关:　0 . 0 . 0 . 0

图 2.2.9　PC2 的 IP 地址配置

IPv4 配置
静态　DHCP　自动获取 DNS 服务器地址
IP 地址:　10 . 1 . 1 . 2　DNS1:　0 . 0 . 0 . 0
子网掩码:　255 . 255 . 255 . 0　DNS2:　0 . 0 . 0 . 0
网关:　0 . 0 . 0 . 0

图 2.2.10　PC3 的 IP 地址配置

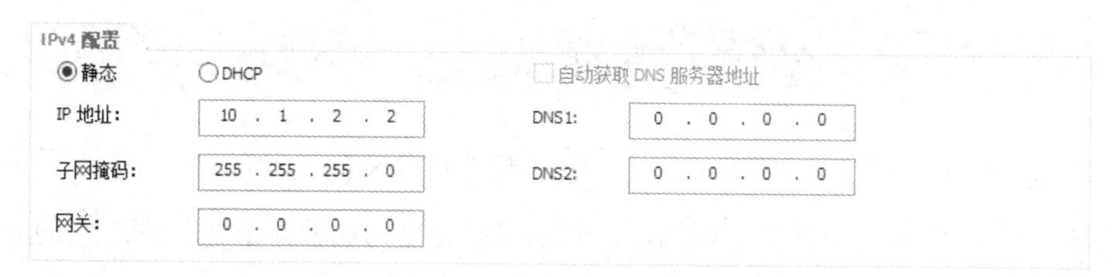

图 2.2.11　PC4 的 IP 地址配置

（5）测试同一 VLAN 中主机的连通性。

此时主机 PC1 和 PC3 都属于 vlan 10，所以能够连通，在 PC1 上 ping PC3，结果如图 2.2.12 所示。主机 PC2 和 PC4 都属于 vlan 20，所以能够连通，在 PC2 上 ping PC4，结果如图 2.2.13 所示。

```
PC>ping 10.1.1.2

Ping 10.1.1.2: 32 data bytes, Press Ctrl_C to break
From 10.1.1.2: bytes=32 seq=1 ttl=128 time=47 ms
From 10.1.1.2: bytes=32 seq=2 ttl=128 time=62 ms
From 10.1.1.2: bytes=32 seq=3 ttl=128 time=47 ms
From 10.1.1.2: bytes=32 seq=4 ttl=128 time=32 ms
From 10.1.1.2: bytes=32 seq=5 ttl=128 time=31 ms

--- 10.1.1.2 ping statistics ---
  5 packet(s) transmitted
  5 packet(s) received
  0.00% packet loss
  round-trip min/avg/max = 31/43/62 ms
```

图 2.2.12　PC1 和 PC3 的连通性测试结果

```
PC>ping 10.1.2.2

Ping 10.1.2.2: 32 data bytes, Press Ctrl_C to break
From 10.1.2.2: bytes=32 seq=1 ttl=128 time=47 ms
From 10.1.2.2: bytes=32 seq=2 ttl=128 time=47 ms
From 10.1.2.2: bytes=32 seq=3 ttl=128 time=47 ms
From 10.1.2.2: bytes=32 seq=4 ttl=128 time=31 ms
From 10.1.2.2: bytes=32 seq=5 ttl=128 time=63 ms

--- 10.1.2.2 ping statistics ---
  5 packet(s) transmitted
  5 packet(s) received
  0.00% packet loss
  round-trip min/avg/max = 31/47/63 ms
```

图 2.2.13　PC2 和 PC4 的连通性测试结果

思维拓展

1．802.1Q 公有标记协议和 ISL 封装协议的区别是什么？

2．思科交换机 Trunk 端口对流量的处理与华为交换机 Trunk 端口对流量的处理有什么区别？

实验 3：实现 VLAN 间路由通信

由于划分 VLAN 后，广播域被隔离，所以不同 VLAN 间的通信，等同于不同子网之间的通信，需要借助路由功能才能实现。我们可以使用路由器来满足子网之间的通信需求，通过创建子接口的方式，节省物理链路的使用。随着通信技术的发展，交换机不再局限于二层功能，当我们使用三层交换机时，也可以创建 VLAN 接口，利用三层交换机的路由功能来实现 VLAN 间的通信。

实验目的

（1）了解 VLAN 间路由的原理；

（2）掌握单臂路由和三层交换机路由的配置方法。

实验设备

路由器	1 台
二层交换机	1 台
三层交换机	1 台
主机	2 台
直通线	3 根

实验拓扑

本实验的网络拓扑如图 2.3.1 所示。其中，图 2.3.1（a）和图 2.3.1（b）分别对应两种解决方法的拓扑结构。图 2.3.1（a）中使用直通线连接路由器 R1 和二层交换机 L2SW，使用直通线将主机 PC1 和 PC2 连接至 L2SW；图 2.3.1（b）中使用直通线将主机 PC1 和 PC2 连接至三层交换机 L3SW。网络拓扑中各设备接口的 IP 地址配置如表 2.3.1 所示。

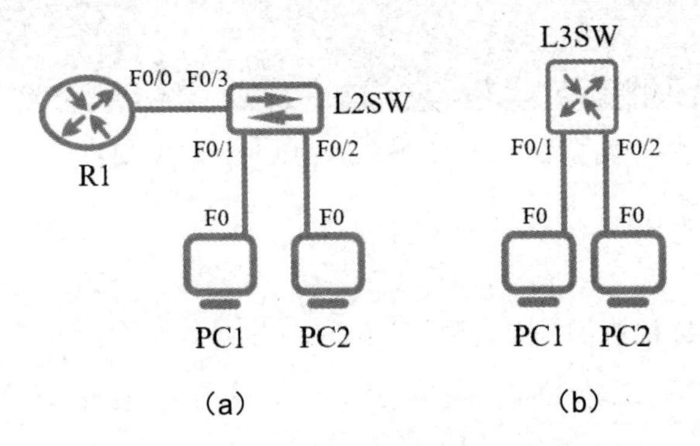

图 2.3.1　网络拓扑

表 2.3.1　各设备接口的 IP 地址配置

设备名称	接口编号	IP 地址	网关地址
R1	F0/0	/	/
	F0/0.10	10.1.1.1/24	/
	F0/0.20	10.1.2.1/24	/
L3SW	F0/1	/	/
	F0/2	/	/
	逻辑接口 vlan 10	10.1.1.1/24	/
	逻辑接口 vlan 20	10.1.2.1/24	/
PC1	F0	10.1.1.2/24	10.1.1.1
PC2	F0	10.1.2.2/24	10.1.2.1

实验说明

本实验有两种解决方法。

方法一：在二层交换机 L2SW 上创建 vlan 10 和 vlan 20，并将 PC1 划分到 vlan 10 中，PC2 划分到 vlan 20 中。在路由器 R1 上创建子接口作为主机网关接口，使用单臂路由实现 PC1 与 PC2 之间的通信。如图 2.3.1（a）所示。

方法二：在三层交换机 L3SW 上创建 vlan 10 和 vlan 20，并将 PC1 划分到 vlan 10 中，PC2 划分到 vlan 20 中，并在三层交换机上创建 VLAN 接口作为主机网关接口，实现 PC1 与 PC2 之间的通信。如图 2.3.1（b）所示。

命令描述

围绕 VLAN 间路由通信的实验目的，基于思科和华为平台，分别对实验中涉及的命令进行详细解释。思科平台的命令如表 2.3.2 所示，华为平台的命令如表 2.3.3 所示。

表 2.3.2　思科平台的命令

序号	命令	说明
1	**interface** type slot/port.sub-if-number 例如：interface fa0/0.10	创建子接口。其中，type 为接口类型，slot 为插槽号，port 为接口号，sub-if-number 为子接口号，其范围是 0～2^{32}−1，子接口号与 VLAN 编号无关
2	**encapsulation** dot1Q vlan-id 例如：encapsulation dot1Q 10	封装 dot1Q 协议并设置子接口对应的 VLAN。vlan-id 是子接口对应的 VLAN 编号。dot1Q 是 VLAN 的一种封装方式，即 IEEE 802.1Q 协议，是公有协议
3	**ip routing**	打开三层交换机的路由功能
4	**interface vlan** vlan-id 例如：interface vlan 10	创建 VLAN 接口，该接口被称为 SVI（Switch Virtual Interface）接口，vlan-id 是该 VLAN 的编号
5	**show ip interface brief**	查看接口 IP 地址配置信息

表 2.3.3 华为平台的命令

序号	命令	说明
1	**interface** type slot/port. sub-if-number 例如：interface G0/0/1.10	创建子接口。其中 type 为接口类型，slot 为插槽号，port 为接口号，sub-if-number 为子接口号，其范围是 0～2^{12}，子接口号与 VLAN 编号无关
2	**dot1q termination vid** vlan-id 例如：dot1q termination vid 10	封装 dot1q 协议并设置子接口对应 VLAN。vlan-id 是子接口对应的 VLAN 编号。dot1Q 是 VLAN 的一种封装方式，即 IEEE 802.1Q 协议，是公有协议
3	**arp broadcast enable**	开启子接口 ARP 广播功能
4	**interface vlanif** vlan-id 例如：interface vlanif 10	创建 VLAN 接口，该接口被称为 vlanif（vlan interface）接口，vlan-id 是该 VLAN 的编号
5	**display ip interface brief**	查看接口 IP 地址配置信息

配置实例

1. 思科平台

1）方法一

（1）分别在 L2SW 上创建 vlan 10 和 vlan 20。

```
L2SW(config)#vlan 10
L2SW(config-vlan)#exit
L2SW(config)#vlan 20
L2SW(config-vlan)#exit
```

（2）将对应主机接入 vlan 10 和 vlan 20。

```
L2SW(config)#interface fastEthernet 0/1
L2SW(config-if)#switchport mode access
L2SW(config-if)#switchport access vlan 10
L2SW(config-if)#exit
L2SW(config)#interface fastEthernet 0/2
L2SW(config-if)#switchport mode access
L2SW(config-if)#switchport access vlan 20
```

（3）将交换机与路由器之间的连接接口设置为 Trunk 模式。

```
L2SW(config)#interface fastEthernet 0/3
L2SW(config-if)#switchport mode trunk
```

（4）在路由器连接交换机的接口上创建子接口。

```
R1(config)#interface fastEthernet 0/0
R1(config-if)#no shutdown
R1(config)#interface fastEthernet 0/0.10
R1(config-subif)#encapsulation dot1Q 10
R1(config-subif)#ip address 10.1.1.1 255.255.255.0
R1(config-subif)#exit
R1(config)#interface fastEthernet 0/0.20
```

```
R1(config-subif)#encapsulation dot1Q 20
R1(config-subif)#ip address 10.1.2.1 255.255.255.0
```

（5）配置各主机的 IP 地址。

分别打开主机 PC1 和 PC2 的“IP Configuration”对话框，配置主机的 IP 地址和子网掩码，如图 2.3.2 和图 2.3.3 所示。

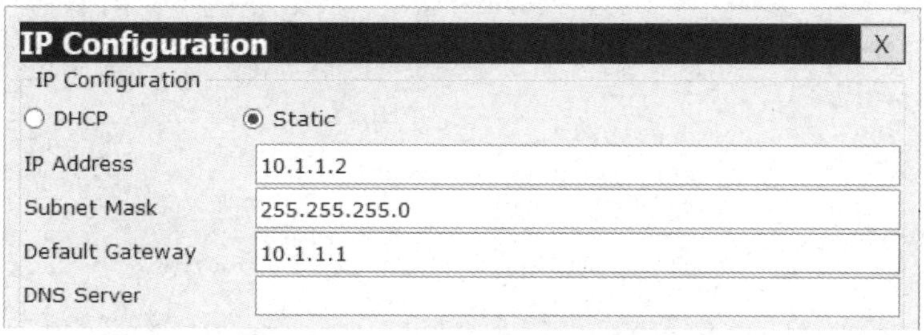

```
IP Configuration
IP Configuration
○ DHCP          ◉ Static
IP Address       10.1.1.2
Subnet Mask      255.255.255.0
Default Gateway  10.1.1.1
DNS Server
```

图 2.3.2 PC1 的 IP 地址配置

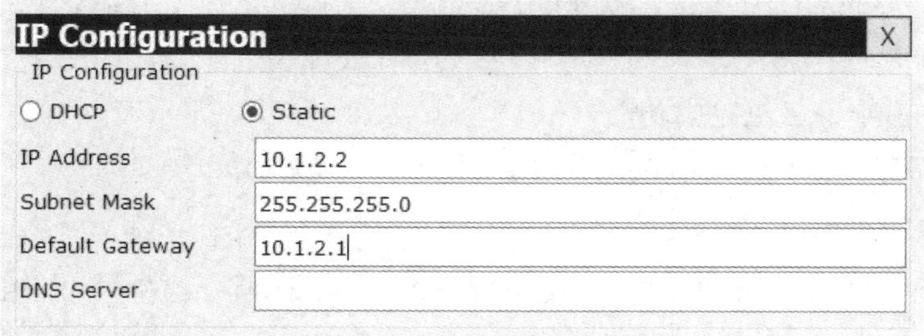

```
IP Configuration
IP Configuration
○ DHCP          ◉ Static
IP Address       10.1.2.2
Subnet Mask      255.255.255.0
Default Gateway  10.1.2.1
DNS Server
```

图 2.3.3 PC2 的 IP 地址配置

（6）测试主机连通性。

此时，主机 PC1 和 PC2 分别属于 vlan 10 和 vlan 20，在路由器 R1 上创建子接口作为主机网关接口，使用单臂路由实现 PC1 与 PC2 之间的连通。在 PC1 上 ping PC2，结果如图 2.3.4 所示。

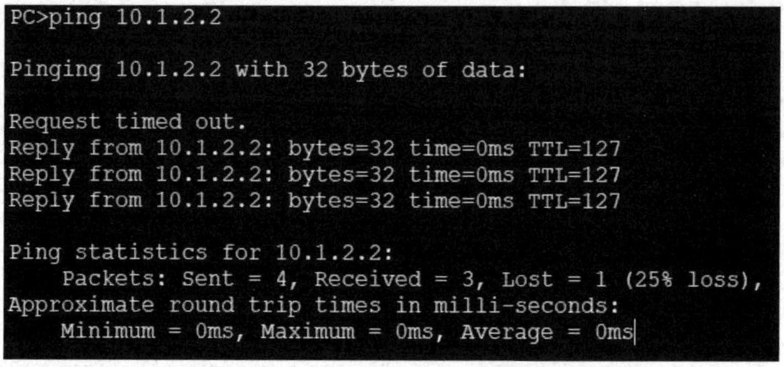

```
PC>ping 10.1.2.2

Pinging 10.1.2.2 with 32 bytes of data:

Request timed out.
Reply from 10.1.2.2: bytes=32 time=0ms TTL=127
Reply from 10.1.2.2: bytes=32 time=0ms TTL=127
Reply from 10.1.2.2: bytes=32 time=0ms TTL=127

Ping statistics for 10.1.2.2:
    Packets: Sent = 4, Received = 3, Lost = 1 (25% loss),
Approximate round trip times in milli-seconds:
    Minimum = 0ms, Maximum = 0ms, Average = 0ms
```

图 2.3.4 PC1 和 PC2 的连通性测试结果

2）方法二

（1）分别在 L3SW 上创建 vlan 10 和 vlan 20。

```
L3SW(config)#vlan 10
L3SW(config-vlan)#exit
L3SW(config)#vlan 20
L3SW(config-vlan)#exit
```

（2）将对应主机接入 vlan 10 和 vlan 20。

```
L3SW(config)#interface fastEthernet 0/1
L3SW(config-if)#switchport mode access
L3SW(config-if)#switchport access vlan 10
L3SW(config-if)#exit
L3SW(config)#interface fastEthernet 0/2
L3SW(config-if)#switchport mode access
L3SW(config-if)#switchport access vlan 20
```

（3）在交换机上创建 SVI 接口。

```
L3SW(config)#interface vlan 10
L3SW(config-if)#ip address 10.1.1.1 255.255.255.0
L3SW(config)#interface vlan 20
L3SW(config-if)#ip address 10.1.2.1 255.255.255.0
```

（4）开启三层交换机路由功能。

```
L3SW(config)#ip routing
```

（5）配置主机的 IP 地址。

分别打开主机 PC1 和 PC2 的“IP Configuration”对话框，配置主机的 IP 地址和子网掩码，如图 2.3.5 和图 2.3.6 所示。

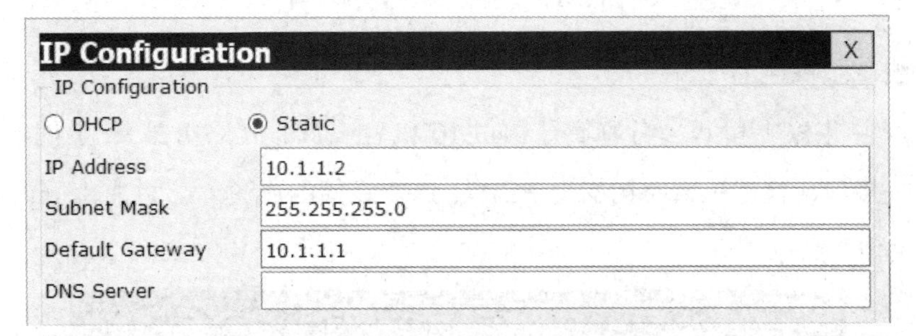

图 2.3.5　PC1 的 IP 地址配置

图 2.3.6　PC2 的 IP 地址配置

（6）测试主机连通性。

此时，主机 PC1 和 PC2 分别属于 vlan 10 和 vlan 20，在三层交换机 L3SW 上创建 VLAN 接口作为主机网关接口，实现 PC1 与 PC2 之间的通信。在 PC1 上 ping PC2，结果如图 2.3.7 所示。

```
PC>ping 10.1.2.2

Pinging 10.1.2.2 with 32 bytes of data:

Request timed out.
Reply from 10.1.2.2: bytes=32 time=0ms TTL=127
Reply from 10.1.2.2: bytes=32 time=0ms TTL=127
Reply from 10.1.2.2: bytes=32 time=0ms TTL=127

Ping statistics for 10.1.2.2:
    Packets: Sent = 4, Received = 3, Lost = 1 (25% loss),
Approximate round trip times in milli-seconds:
    Minimum = 0ms, Maximum = 0ms, Average = 0ms
```

图 2.3.7　PC1 和 PC2 的连通性测试结果

2. 华为平台

1）方法一

（1）分别在 L2SW 上创建 vlan 10 和 vlan 20。

```
[L2SW]vlan 10
[L2SW-vlan10]quit
[L2SW]vlan 20
[L2SW-vlan20]quit
```

（2）将对应主机接入 vlan 10 和 vlan 20。

```
[L2SW]interface GigabitEthernet 0/0/1
[L2SW-GigabitEthernet0/0/1]port link-type access
[L2SW-GigabitEthernet0/0/1]port default vlan 10
[L2SW]interface GigabitEthernet 0/0/2
[L2SW-GigabitEthernet0/0/2]port link-type access
[L2SW-GigabitEthernet0/0/2]port default vlan 20
```

（3）将交换机与路由器之间的连接接口设置为 Trunk 模式。

```
[L2SW]interface GigabitEthernet 0/0/3
[L2SW-GigabitEthernet0/0/3]port link-type trunk
[L2SW-GigabitEthernet0/0/3]port trunk allow-pass vlan all
```

（4）在路由器连接交换机的接口上创建子接口。

```
[R1]interface GigabitEthernet 0/0/0.10
[R1-GigabitEthernet0/0/0.10]dot1q termination vid 10
[R1-GigabitEthernet0/0/0.10]ip address 10.1.1.1 24
[R1-GigabitEthernet0/0/0.10]arp broadcast enable
[R1-GigabitEthernet0/0/0.10]quit
```

```
[R1]interface GigabitEthernet 0/0/0.20
[R1-GigabitEthernet0/0/0.20]dot1q termination vid 20
[R1-GigabitEthernet0/0/0.20]ip address 10.1.2.1 24
[R1-GigabitEthernet0/0/0.20]arp broadcast enable
```

（5）配置主机的 IP 地址。

分别打开主机 PC1 和 PC2 的“IPv4 配置”界面，配置主机的 IP 地址和子网掩码，如图 2.3.8 和图 2.3.9 所示。

IPv4 配置
静态
DHCP
自动获取 DNS 服务器地址
IP 地址:
10 . 1 . 1 . 2
DNS1:
0 . 0 . 0 . 0
子网掩码:
255 . 255 . 255 . 0
DNS2:
0 . 0 . 0 . 0
网关:
10 . 1 . 1 . 1

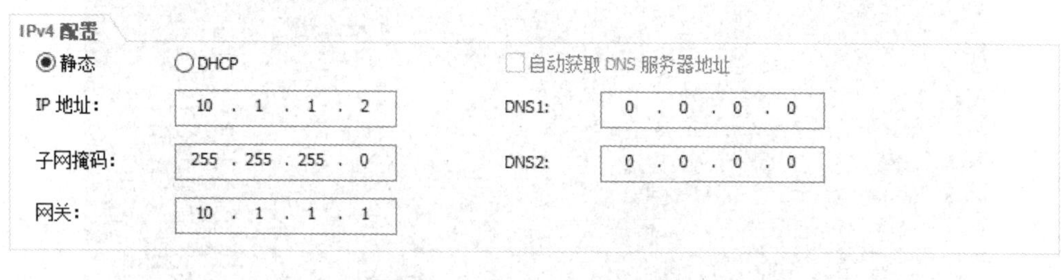

图 2.3.8　PC1 的 IP 地址配置

IPv4 配置
静态
DHCP
自动获取 DNS 服务器地址
IP 地址:
10 . 1 . 2 . 2
DNS1:
0 . 0 . 0 . 0
子网掩码:
255 . 255 . 255 . 0
DNS2:
0 . 0 . 0 . 0
网关:
10 . 1 . 2 . 1

图 2.3.9　PC2 的 IP 地址配置

（6）测试主机连通性。

此时主机 PC1 和 PC2 分别属于 vlan 10 和 vlan 20，通过在路由器 R1 上创建子接口作为主机网关接口，使用单臂路由实现 PC1 与 PC2 之间的连通。在 PC1 上 ping PC2，结果如图 2.3.10 所示。

```
PC>ping 10.1.2.2

Ping 10.1.2.2: 32 data bytes, Press Ctrl_C to break
Request timeout!
From 10.1.2.2: bytes=32 seq=2 ttl=127 time=62 ms
From 10.1.2.2: bytes=32 seq=3 ttl=127 time=63 ms
From 10.1.2.2: bytes=32 seq=4 ttl=127 time=46 ms
From 10.1.2.2: bytes=32 seq=5 ttl=127 time=63 ms

--- 10.1.2.2 ping statistics ---
  5 packet(s) transmitted
  4 packet(s) received
  20.00% packet loss
  round-trip min/avg/max = 0/58/63 ms
```

图 2.3.10　PC1 和 PC2 的连通性测试结果

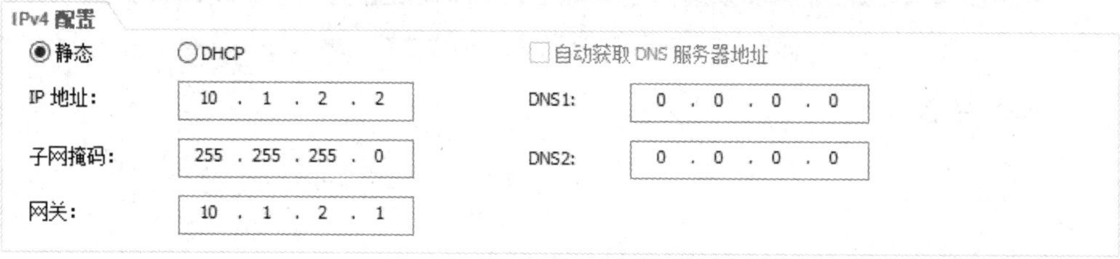

2）方法二

（1）在 L3SW 上创建 vlan 10 和 vlan 20。

```
[L3SW]vlan 10
[L3SW-vlan10]quit
[L3SW]vlan 20
[L3SW-vlan20]quit
```

（2）将对应主机接入 vlan 10 和 vlan 20。

```
[L3SW]interface GigabitEthernet 0/0/1
[L3SW-GigabitEthernet0/0/1]port link-type access
[L3SW-GigabitEthernet0/0/1]port default vlan 10
[L3SW]interface GigabitEthernet 0/0/2
[L3SW-GigabitEthernet0/0/2]port link-type access
[L3SW-GigabitEthernet0/0/2]port default vlan 20
```

（3）在交换机上创建 Vlanif 接口。

```
[L3SW]interface Vlanif 10
[L3SW-Vlanif10]ip address 10.1.1.1 24
[L3SW]interface Vlanif 20
[L3SW-Vlanif20]ip address 10.1.2.1 24
```

（4）配置主机的 IP 地址。

分别打开主机 PC1 和 PC2 的“IPv4 配置”界面，配置主机的 IP 地址和子网掩码，如图 2.3.11 和图 2.3.12 所示。

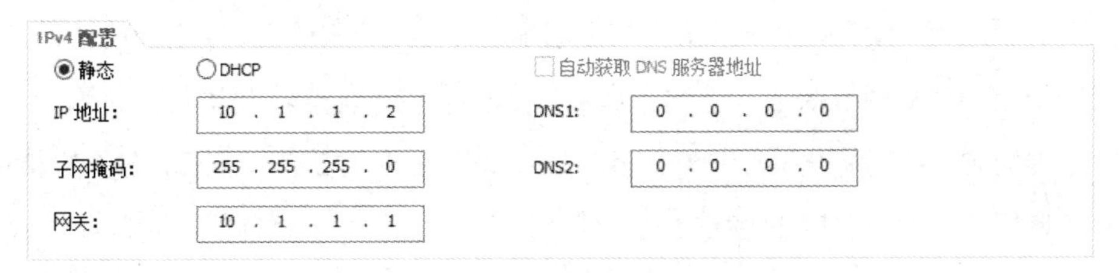

图 2.3.11　PC1 的 IP 地址配置

IPv4 配置

静态　DHCP　自动获取 DNS 服务器地址

IP 地址: 10 . 1 . 2 . 2　DNS1: 0 . 0 . 0 . 0

子网掩码: 255 . 255 . 255 . 0　DNS2: 0 . 0 . 0 . 0

网关: 10 . 1 . 2 . 1

图 2.3.12　PC2 的 IP 地址配置

（5）测试主机连通性。

此时主机 PC1 和 PC2 分别属于 vlan 10 和 vlan 20，在三层交换机 L3SW 上创建 VLAN 接口作为主机网关接口，实现 PC1 与 PC2 之间的通信。在 PC1 上 ping PC2，结果如图 2.3.13 所示。

```
PC>ping 10.1.2.2

Ping 10.1.2.2: 32 data bytes, Press Ctrl_C to break
Request timeout!
From 10.1.2.2: bytes=32 seq=2 ttl=127 time=62 ms
From 10.1.2.2: bytes=32 seq=3 ttl=127 time=63 ms
From 10.1.2.2: bytes=32 seq=4 ttl=127 time=46 ms
From 10.1.2.2: bytes=32 seq=5 ttl=127 time=63 ms

--- 10.1.2.2 ping statistics ---
  5 packet(s) transmitted
  4 packet(s) received
  20.00% packet loss
  round-trip min/avg/max = 0/58/63 ms
```

图 2.3.13　PC1 和 PC2 的连通性测试结果

思维拓展

1．三层交换机是如何实现 VLAN 间通信的？

2．单臂路由有哪些优点？

实验 4：生成树协议

在交换网络中，如果设备之间只有单条链路连接，网络有可能因为链路故障而瘫痪。因此，在网络设计中通常采用冗余结构，但链路的冗余会带来环路，导致广播风暴、MAC 地址表不稳定、重复帧等问题。因此，通过生成树协议来决定转发和阻塞的端口，从而解决环路的问题。当链路发生故障时，阻塞端口能进入转发状态，保证了网络的健壮性。思科设备使用的是“每 VLAN 生成树”，默认情况下对每个 VLAN 进行优先级的设置。

实验目的

（1）了解生成树的工作原理；

（2）掌握修改生成树的方法。

实验设备

交换机　　3 台

交叉线　　3 根

实验拓扑

本实验的网络拓扑如图 2.4.1 所示。使用交叉线将路由器 SW1、SW2 和 SW3 两两连接。

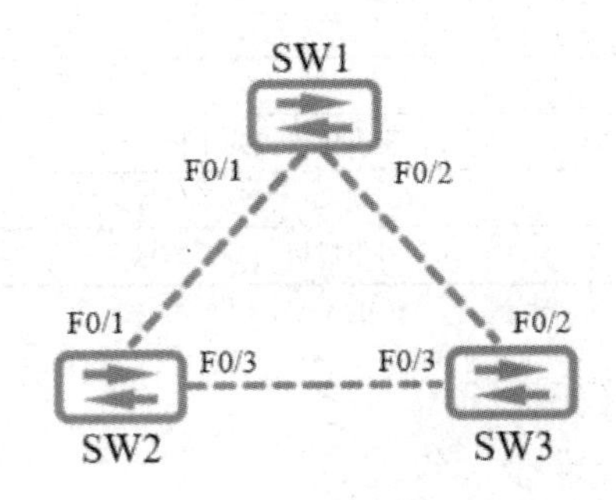

图 2.4.1　网络拓扑

实验说明

根据本实验的网络拓扑连接交换机，通过修改生成树的优先级，使 SW1 成为 vlan 1 的根，从而改变生成树的结构，优化网络性能。

命令描述

围绕生成树协议的实验目的，基于思科和华为平台，分别对实验中涉及的命令进行详细解释。思科平台的命令如表 2.4.1 所示，华为平台的命令如表 2.4.2 所示。

表 2.4.1　思科平台的命令

序号	命令	说明
1	**spanning-tree vlan** vlan-id **priority** number 例如：spanning-tree vlan 1 priority 4096	修改 VLAN 的生成树优先级。其中，vlan-id 为要修改的 VLAN 编号，number 为优先级值，优先级取值范围为 0～61440，优先级步长为 4096，即取值为 4096 的倍数，值越小，优先级越高
2	**spanning-tree vlan** vlan-id **root primary** 例如：spanning-tree vlan 1 root primary	将交换机设置为该 VLAN 的主根。其中，vlan-id 为需要设置的 VLAN 编号，此命令为宏命令模式，会根据交换机的优先级动态调整
3	**spanning-tree vlan** vlan-id **root secondary** 例如：spanning-tree vlan 1 root secondary	将交换机设置为该 VLAN 的备份根。其中，vlan-id 为需要设置的 VLAN 编号，此命令为宏命令模式，会根据交换机的优先级动态调整
4	**show spanning-tree summary**	查看生成树的简要信息

表 2.4.2　华为平台的命令

序号	命令	说明
1	**stp priority** number 例如：stp priority 4096	修改生成树的优先级。其中，number 为优先级值，优先级取值范围为 0～61440，优先级步长为 4096，即取值为 4096 的倍数，值越小，优先级越高

续表

序号	命令	说明
2	**stp root primary**	将交换机设置为主根
3	**stp root secondary**	将交换机设置为备份根
4	**display stp brief**	查看生成树的简要信息

配置实例

1．思科平台

进入 SW1 配置界面，设置生成树优先级。

```
SW1(config)#spanning-tree vlan 1 priority 4096
```

或

```
SW1(config)#spanning-tree vlan 1 root primary
```

2．华为平台

进入 SW1 配置界面，设置生成树优先级。

```
[SW1]stp priority 4096
```

或

```
[SW1]stp root primary
```

思维拓展

1．如果需要对不同 VLAN 设置不同的生成树，在华为设备上应该如何操作？

2．案例中使用的是 802.1D 生成树，如果需要提高生成树的效率，应该如何操作？

实验 5：链路聚合技术

在核心网络中，为了增加链路带宽，同时具备冗余性，通常会将多个端口捆绑到一起，形成一个逻辑端口，这样不仅可以增加数据吞吐量，还可以分担各端口的负荷，即链路聚合技术。链路聚合技术是企业交换网络中常用的技术手段，可以大大节约设备成本。

实验目的

（1）了解链路聚合技术的工作原理；

（2）掌握链路聚合的配置方法。

实验设备

交换机　2 台

交叉线　2 根

实验拓扑

本实验的网络拓扑如图 2.5.1 所示。使用两根交叉线连接三层交换机 CORE1 和 CORE2。

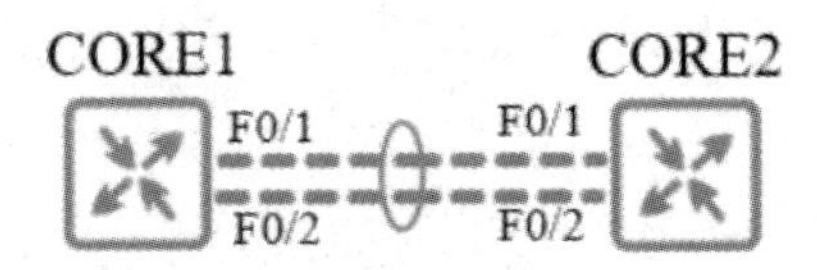

图 2.5.1　网络拓扑

实验说明

选择两台三层交换机，连接两条链路。将两条链路设置为链路聚合模式，并将链路聚合端口设置为 Trunk 模式，实现端口捆绑，从而增加链路带宽。

命令描述

围绕链路聚合技术的实验目的，基于思科和华为平台，分别对实验中涉及的命令进行详细解释。思科平台的命令如表 2.5.1 所示，华为平台的命令如表 2.5.2 所示。

表 2.5.1　思科平台的命令

序号	命令	说明
1	**interface range** type slot/port 例如：interface range fastEthernet 0/1-2	进入接口模式，同时配置多个接口。其中，range 为关键字，type 为接口类型，slot 为插槽号，port 为接口号。interface range 提供了一种批量配置方式，配置的命令会在所选接口下自动执行
2	**channel-group** group-num **mode on** 例如：channel-group 1 mode on	手动创建链路聚合组。其中，group-num 为创建的端口组编号
3	**interface port-channel** group-num 例如：interface port-channel 1	进入聚合端口模式。其中，group-num 为创建的端口组编号

表 2.5.2　华为平台的命令

序号	命令	说明
1	**interface Eth-Trunk** group-num 例如：interface Eth-Trunk 1	创建链路聚合组。其中，group-num 为创建的聚合组编号
2	**eth-trunk** group-num 例如：eth-trunk 1	在接口视图下配置，将对应接口加入链路聚合组。其中，group-num 为聚合组编号

续表

序号	命令	说明
3	**port-group group-member** type slot/port 例如：port-group group-member GigabitEthernet 0/0/1 GigabitEthernet 0/0/2	进入端口组配置，同时配置多个端口。其中，type 为接口类型，slot 为插槽号，port 为接口号。端口组提供了一种批量配置方式，配置的命令会在所选接口下自动执行

配置实例

1. 思科平台

（1）将物理端口捆绑为链路聚合组。

```
SW1(config)#interface range fastEthernet 0/1-2
SW1(config-if-range)#channel-group 1 mode on

SW2(config)#interface range fastEthernet 0/1-2
SW2(config-if-range)#channel-group 1 mode on
```

（2）将聚合端口设置为 Trunk 模式。

```
SW1(config)#interface port-channel 1
SW1(config-if)#switchport trunk encapsulation dot1q
SW1(config-if)#switchport mode trunk

SW2(config)#interface port-channel 1
SW2(config-if)#switchport trunk encapsulation dot1q
SW2(config-if)#switchport mode trunk
```

2. 华为平台

（1）将物理端口捆绑为聚合组。

```
[SW1]interface Eth-Trunk 1
[SW1]interface GigabitEthernet 0/0/1
[SW1-GigabitEthernet0/0/1]eth-trunk 1
[SW1]interface GigabitEthernet 0/0/2
[SW1-GigabitEthernet0/0/2]eth-trunk 1

[SW2]interface Eth-Trunk 1
[SW2]interface GigabitEthernet 0/0/1
[SW2-GigabitEthernet0/0/1]eth-trunk 1
[SW2]interface GigabitEthernet 0/0/2
[SW2-GigabitEthernet0/0/2]eth-trunk 1
```

（2）将聚合端口设置为 Trunk 模式。

```
[SW1]interface Eth-Trunk 1
[SW1-Eth-Trunk1]port link-type trunk
[SW1-Eth-Trunk1]port trunk allow-pass vlan all
```

```
[SW2]interface Eth-Trunk 1
[SW2-Eth-Trunk1]port link-type trunk
[SW2-Eth-Trunk1]port trunk allow-pass vlan all
```

思维拓展

1. 需要设置成链路聚合的端口，必须符合什么条件？
2. 如何设置三层链路聚合？

第三章

路由实验

路由器是互联网的重要节点设备，工作在 OSI 参考模型的网络层。路由器的主要任务是对不同网络之间的数据包进行存储和分组转发。路由器在接收一个来自网络接口的数据包后，根据其中所含的目的 IP 地址，寻找一条最佳传输路径，并将该数据包有效地传送到目的 IP 地址。为了完成上述操作，每台路由器必须维护一个路由表，根据不同的路由策略把不同目的 IP 地址的最佳传输路径存放在路由表中。路由表是许多路由器协同工作的结果，路由器根据路由算法，得出整个网络的拓扑变化情况，从而动态改变选择的路由，并构造出整个路由表。路由表中的一条路由信息通常包含数据包的目的 IP 地址、下一跳路由器的 IP 地址和相应的网络接口等。当网络拓扑发生变化时，路由协议会重新计算最佳路径，更新路由表。

作为不同网络之间连接的枢纽，路由器系统构成了基于 TCP/IP 的国际互联网络 Internet 的主体脉络，在某种程度上，路由器构成了 Internet 的骨架。路由器的处理速度是网络通信的瓶颈之一，其可靠性则直接影响着网络互联的质量。因此，路由器技术是计算机网络课程的核心内容。

本章重点学习路由器的基本配置，通过实验熟练掌握配置静态路由协议、动态路由协议的操作过程。

实验 1：静态路由配置

静态路由作为最基本的路由添加方式，是必须掌握的技术。通过静态路由，学习路由表的形成、数据包的转发，了解目标网络、下一跳地址、本地接口等参数的含义。静态路由由网络管理员在路由器上手动添加路由信息来实现路由目的，适用于中小型网络。静态路由需要人工输入、人工管理，因此管理成本较高。

实验目的

（1）了解静态路由的原理；

（2）掌握静态路由的基本配置命令。

实验设备

路由器　　3 台

主机　　3 台

交叉线　　5 根

实验拓扑

本实验的网络拓扑如图 3.1.1 所示。使用交叉线连接路由器 R1 和 R2、R2 和 R3，使用交叉线将主机 PC1、PC2 和 PC3，分别连接至路由器 R1、R2 和 R3。网络拓扑中各设备接口的 IP 地址配置如表 3.1.1 所示。

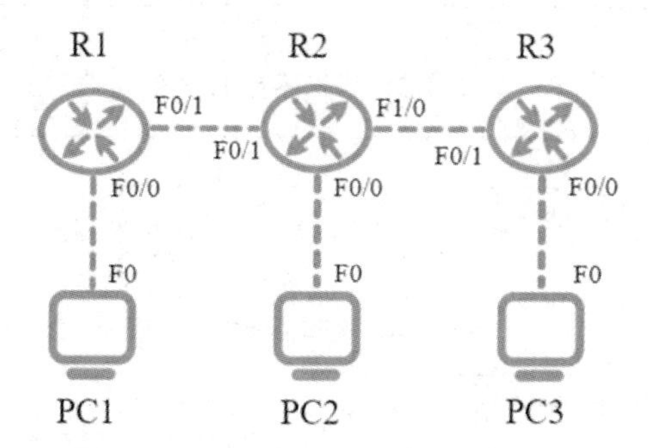

图 3.1.1　网络拓扑

表 3.1.1　各设备接口的 IP 地址配置

设备名称	接口编号	IP 地址	网关地址
R1	F0/0	10.1.1.1/24	/
	F0/1	192.168.12.1/24	/
R2	F0/0	10.1.2.1/24	/
	F0/1	192.168.12.2/24	/
	F1/0	192.168.23.2/24	/
R3	F0/0	10.1.3.1/24	/
	F0/1	192.168.23.3/24	/
PC1	F0	10.1.1.2/24	10.1.1.1
PC2	F0	10.1.2.2/24	10.1.2.1
PC3	F0	10.1.3.2/24	10.1.3.1

实验说明

首先配置路由器各相关接口的 IP 地址及主机 PC1、PC2 和 PC3 的 IP 地址，然后在路由器 R1、R2 和 R3 上配置静态路由，使各主机及路由器接口之间能够相互通信。

命令描述

围绕静态路由的实验目的，基于思科和华为平台，分别对实验中涉及的命令进行详细解释。思科平台的命令如表 3.1.2 所示，华为平台的命令如表 3.1.3 所示。

表 3.1.2　思科平台的命令

序号	命令	说明
1	**ip route** prefix mask address/interface 例如：ip route 10.1.1.0 255.255.255.0 192.168.12.1	静态路由配置。其中，prefix 为要到达的目标网络号；mask 为目标网络的子网掩码；address 为下一跳路由器的 IP 地址，即相邻路由器的端口地址；interface 为本路由器的出接口，此选项一般适用于点对点类型的网络
2	**show ip route static**	查看静态路由的信息

表 3.1.3　华为平台的命令

序号	命令	说明
1	**ip route-static** prefix mask address/interface 例如：ip route-static 10.1.2.0 24 192.168.12.2	静态路由配置。其中，prefix 为要到达的目标网络号；mask 为目标网络的子网掩码；address 为下一跳路由器的 IP 地址，即相邻路由器的端口地址；interface 为本路由器的出接口，此选项一般适用于点对点类型的网络
2	**display ip routing-table protocol static**	查看静态路由的信息

配置实例

1. 思科平台

（1）配置路由器各接口的 IP 地址。

```
R1(config)#interface fastEthernet 0/0
R1(config-if)#ip address 10.1.1.1 255.255.255.0
R1(config-if)#no shutdown
R1(config)#interface fastEthernet 0/1
R1(config-if)#ip address 192.168.12.1 255.255.255.0
R1(config-if)#no shutdown

R2(config)#interface fastEthernet 0/0
R2(config-if)#ip address 10.1.2.1 255.255.255.0
R2(config-if)#no shutdown
R2(config)#interface fastEthernet 0/1
```

```
R2(config-if)#ip address 192.168.12.2 255.255.255.0
R2(config-if)#no shutdown
R2(config)#interface fastEthernet 1/0
R2(config-if)#ip address 192.168.23.2 255.255.255.0
R2(config-if)#no shutdown

R3(config)#interface fastEthernet 0/0
R3(config-if)#ip address 10.1.3.1 255.255.255.0
R3(config-if)#no shutdown
R3(config)#interface fastEthernet 0/1
R3(config-if)#ip address 192.168.23.3 255.255.255.0
R3(config-if)#no shutdown
```

（2）配置主机的 IP 地址。

分别打开主机 PC1、PC2 和 PC3 的“IP Configuration”对话框，配置主机的 IP 地址、子网掩码和网关地址，如图 3.1.2～图 3.1.4 所示。

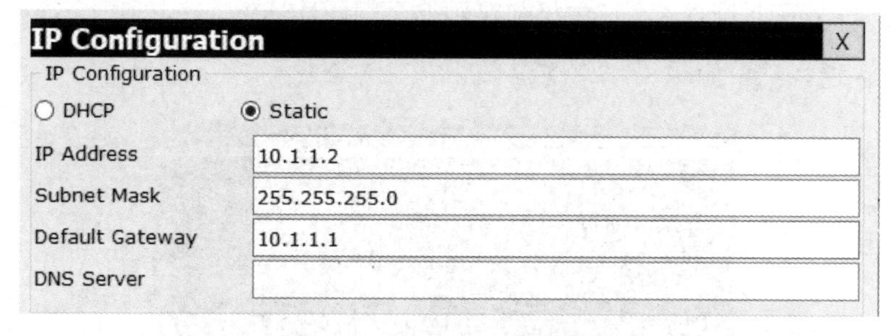

图 3.1.2　PC1 的 IP 地址配置

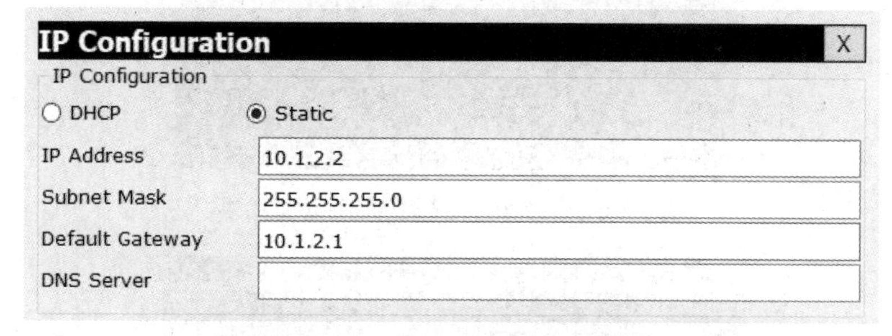

图 3.1.3　PC2 的 IP 地址配置

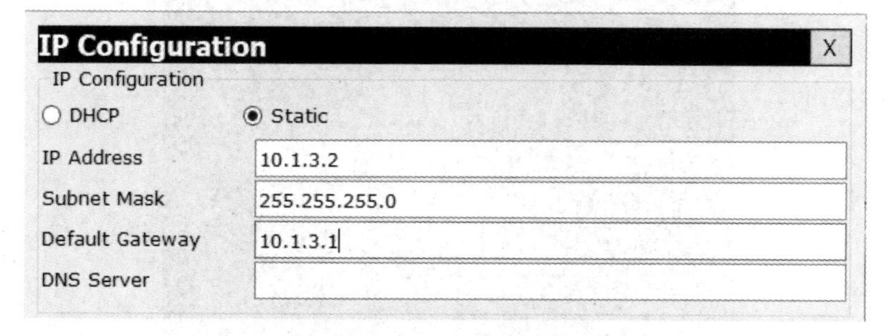

图 3.1.4　PC3 的 IP 地址配置

（3）配置静态路由。

```
R1(config)#ip route 10.1.2.0 255.255.255.0 192.168.12.2
R1(config)#ip route 10.1.3.0 255.255.255.0 192.168.12.2
R1(config)#ip route 192.168.23.0 255.255.255.0 192.168.12.2

R2(config)#ip route 10.1.1.0 255.255.255.0 192.168.12.1
R2(config)#ip route 10.1.3.0 255.255.255.0 192.168.23.3

R3(config)#ip route 10.1.1.0 255.255.255.0 192.168.23.2
R3(config)#ip route 10.1.2.0 255.255.255.0 192.168.23.2
R3(config)#ip route 192.168.12.0 255.255.255.0 192.168.23.2
```

（4）测试网络连通性。

路由器 R1、R2 和 R3 上已经配置了静态路由，因此各主机及路由器接口之间能够相互通信。测试主机之间的连通性，分别在 PC1 上 ping PC2 和 PC3，可以连通，结果如图 3.1.5 和图 3.1.6 所示。同理，测试主机和路由器之间的连通性，在 PC1 上 ping R3 的 F0/1 接口，可以连通，结果如图 3.1.7 所示。

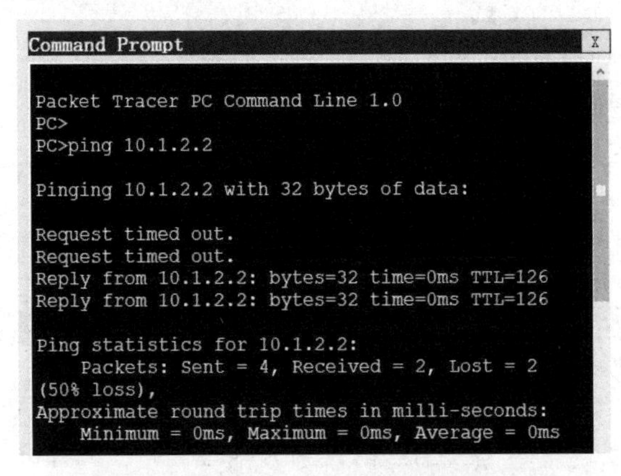

```
Command Prompt

Packet Tracer PC Command Line 1.0
PC>
PC>ping 10.1.2.2

Pinging 10.1.2.2 with 32 bytes of data:

Request timed out.
Request timed out.
Reply from 10.1.2.2: bytes=32 time=0ms TTL=126
Reply from 10.1.2.2: bytes=32 time=0ms TTL=126

Ping statistics for 10.1.2.2:
    Packets: Sent = 4, Received = 2, Lost = 2
(50% loss),
Approximate round trip times in milli-seconds:
    Minimum = 0ms, Maximum = 0ms, Average = 0ms
```

图 3.1.5　PC1 和 PC2 的连通性测试结果

```
Command Prompt
Approximate round trip times in milli-seconds:
    Minimum = 0ms, Maximum = 0ms, Average = 0ms

PC>ping 10.1.3.2

Pinging 10.1.3.2 with 32 bytes of data:

Request timed out.
Request timed out.
Reply from 10.1.3.2: bytes=32 time=0ms TTL=125
Reply from 10.1.3.2: bytes=32 time=0ms TTL=125

Ping statistics for 10.1.3.2:
    Packets: Sent = 4, Received = 2, Lost = 2
(50% loss),
Approximate round trip times in milli-seconds:
    Minimum = 0ms, Maximum = 0ms, Average = 0ms

PC>
```

图 3.1.6　PC1 和 PC3 的连通性测试结果

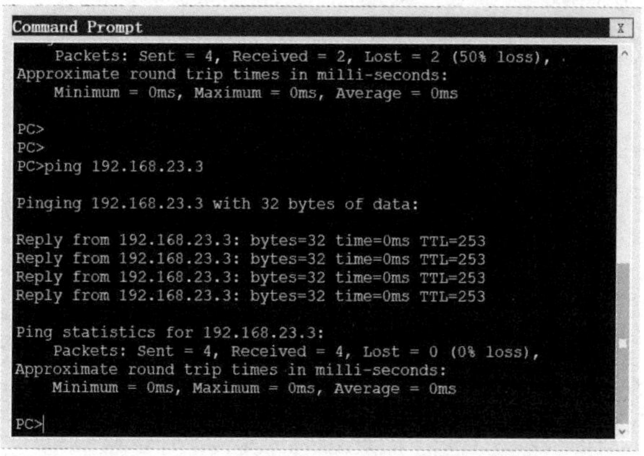

```
Command Prompt
    Packets: Sent = 4, Received = 2, Lost = 2 (50% loss),
Approximate round trip times in milli-seconds:
    Minimum = 0ms, Maximum = 0ms, Average = 0ms

PC>
PC>
PC>ping 192.168.23.3

Pinging 192.168.23.3 with 32 bytes of data:

Reply from 192.168.23.3: bytes=32 time=0ms TTL=253
Reply from 192.168.23.3: bytes=32 time=0ms TTL=253
Reply from 192.168.23.3: bytes=32 time=0ms TTL=253
Reply from 192.168.23.3: bytes=32 time=0ms TTL=253

Ping statistics for 192.168.23.3:
    Packets: Sent = 4, Received = 4, Lost = 0 (0% loss),
Approximate round trip times in milli-seconds:
    Minimum = 0ms, Maximum = 0ms, Average = 0ms

PC>
```

图 3.1.7　PC1 和 R3 的连通性测试结果

2. 华为平台

（1）配置路由器各接口的 IP 地址。

```
[R1]interface GigabitEthernet 0/0/0
[R1-GigabitEthernet0/0/0]ip address 10.1.1.1 24
[R1-GigabitEthernet0/0/0]quit
[R1]interface GigabitEthernet 0/0/1
[R1-GigabitEthernet0/0/1]ip address 192.168.12.1 24
[R1-GigabitEthernet0/0/1]quit

[R2]interface GigabitEthernet 0/0/0
[R2-GigabitEthernet0/0/0]ip address 10.1.2.1 24
[R2-GigabitEthernet0/0/0]quit
[R2]interface GigabitEthernet 0/0/1
[R2-GigabitEthernet0/0/1]ip address 192.168.12.2 24
[R2-GigabitEthernet0/0/1]quit
[R2]interface GigabitEthernet 0/0/2
[R2-GigabitEthernet0/0/2]ip address 192.168.23.2 24
[R2-GigabitEthernet0/0/2]quit

[R3]interface GigabitEthernet 0/0/0
[R3-GigabitEthernet0/0/0]ip address 10.1.3.1 24
[R3-GigabitEthernet0/0/0]quit
[R3]interface GigabitEthernet 0/0/1
[R3-GigabitEthernet0/0/1]ip address 192.168.23.3 24
[R3-GigabitEthernet0/0/1]quit
```

（2）配置主机的 IP 地址。

分别打开主机 PC1、PC2 和 PC3 的“IP v4 配置”界面，配置主机的 IP 地址、子网掩码和网关地址，如图 3.1.8～图 3.1.10 所示。

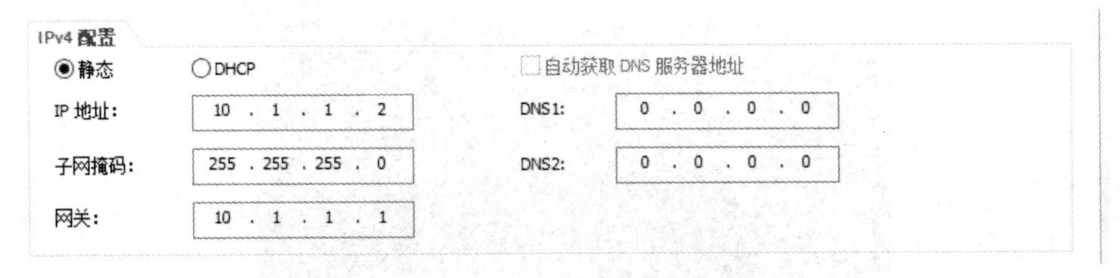

图 3.1.8　PC1 的 IP 地址配置

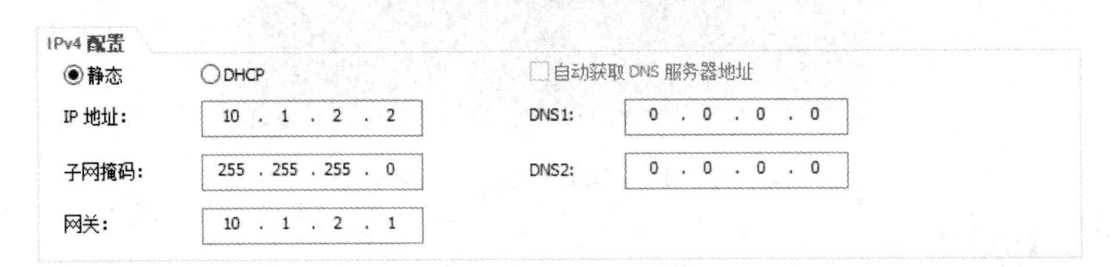

图 3.1.9　PC2 的 IP 地址配置

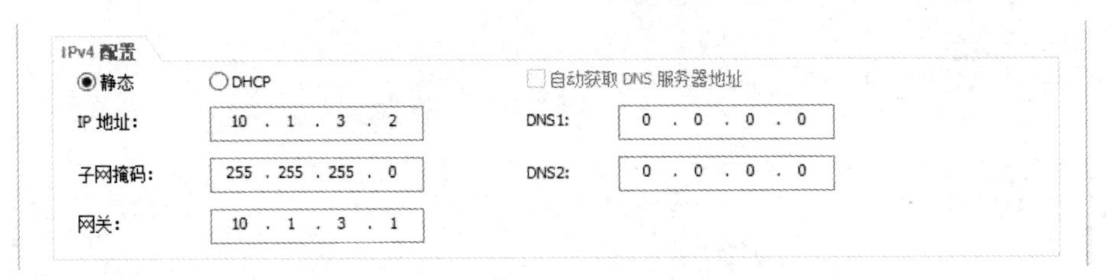

图 3.1.10　PC3 的 IP 地址配置

（3）配置静态路由。

```
[R1]ip route-static 10.1.2.0 24 192.168.12.2
[R1]ip route-static 10.1.3.0 24 192.168.12.2
[R1]ip route-static 192.168.23.0 24 192.168.12.2

[R2]ip route-static 10.1.1.0 24 192.168.12.1
[R2]ip route-static 10.1.3.0 24 192.168.23.3

[R3]ip route-static 10.1.1.0 24 192.168.23.2
[R3]ip route-static 10.1.2.0 24 192.168.23.2
[R3]ip route-static 192.168.12.0 24 192.168.23.2
```

（4）测试网络连通性。

路由器 R1、R2 和 R3 上已经配置了静态路由，因此各主机及路由器接口之间能够相互通信。测试主机之间的连通性，分别在 PC1 上 ping PC2 和 PC3，可以连通，结果如图 3.1.11 和图 3.1.12 所示。测试主机和路由器之间的连通性，在 PC1 上 ping R3 的 F0/1 接口，可以连通，结果如图 3.1.13 所示。

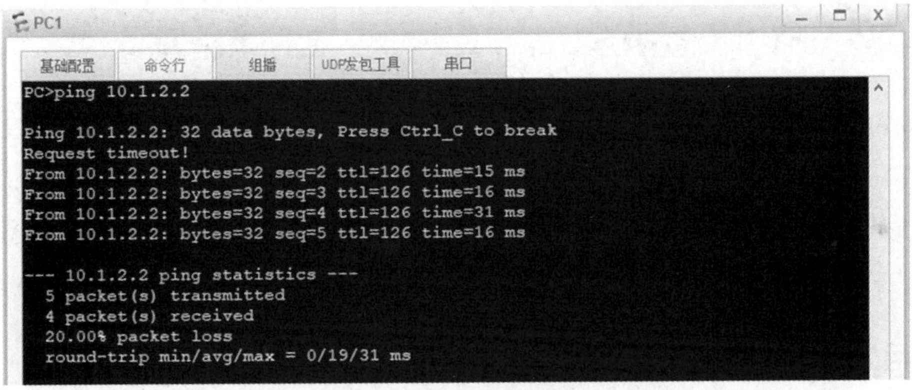

PC1

基础配置 命令行 组播 UDP发包工具 串口

```
PC>ping 10.1.2.2

Ping 10.1.2.2: 32 data bytes, Press Ctrl_C to break
Request timeout!
From 10.1.2.2: bytes=32 seq=2 ttl=126 time=15 ms
From 10.1.2.2: bytes=32 seq=3 ttl=126 time=16 ms
From 10.1.2.2: bytes=32 seq=4 ttl=126 time=31 ms
From 10.1.2.2: bytes=32 seq=5 ttl=126 time=16 ms

--- 10.1.2.2 ping statistics ---
  5 packet(s) transmitted
  4 packet(s) received
  20.00% packet loss
  round-trip min/avg/max = 0/19/31 ms
```

图 3.1.11 PC1 和 PC2 的连通性测试结果

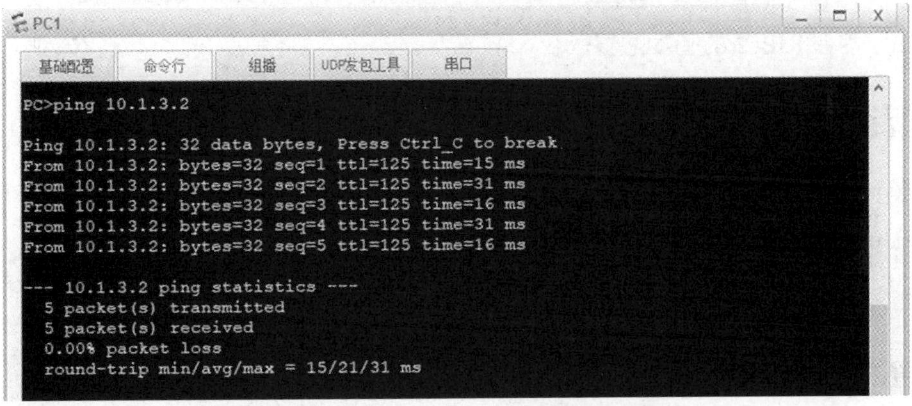

PC1

基础配置 命令行 组播 UDP发包工具 串口

```
PC>ping 10.1.3.2

Ping 10.1.3.2: 32 data bytes, Press Ctrl_C to break
From 10.1.3.2: bytes=32 seq=1 ttl=125 time=15 ms
From 10.1.3.2: bytes=32 seq=2 ttl=125 time=31 ms
From 10.1.3.2: bytes=32 seq=3 ttl=125 time=16 ms
From 10.1.3.2: bytes=32 seq=4 ttl=125 time=31 ms
From 10.1.3.2: bytes=32 seq=5 ttl=125 time=16 ms

--- 10.1.3.2 ping statistics ---
  5 packet(s) transmitted
  5 packet(s) received
  0.00% packet loss
  round-trip min/avg/max = 15/21/31 ms
```

图 3.1.12 PC1 和 PC3 的连通性测试结果

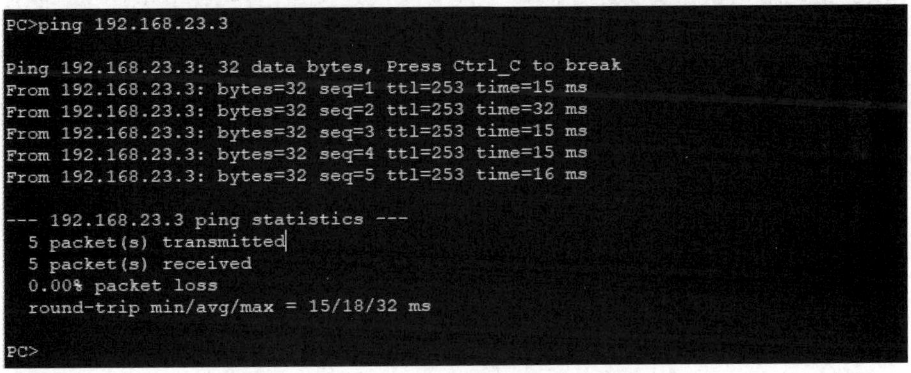

```
PC>ping 192.168.23.3

Ping 192.168.23.3: 32 data bytes, Press Ctrl_C to break
From 192.168.23.3: bytes=32 seq=1 ttl=253 time=15 ms
From 192.168.23.3: bytes=32 seq=2 ttl=253 time=32 ms
From 192.168.23.3: bytes=32 seq=3 ttl=253 time=15 ms
From 192.168.23.3: bytes=32 seq=4 ttl=253 time=15 ms
From 192.168.23.3: bytes=32 seq=5 ttl=253 time=16 ms

--- 192.168.23.3 ping statistics ---
  5 packet(s) transmitted
  5 packet(s) received
  0.00% packet loss
  round-trip min/avg/max = 15/18/32 ms

PC>
```

图 3.1.13 PC1 和 R3 的连通性测试结果

思维拓展

1. 静态路由的优点和缺点各是什么？
2. 在下一跳不可达的情况下，静态路由能不能被写进路由表？
3. 如果静态路由的下一跳是接口，有哪些问题需要注意？

实验 2：路由信息协议

路由信息协议（Routing Information Protocol，RIP）是早期的动态路由协议，主要通过复制路由表的方式来更新路由条目。随着网络规模的扩大，版本 1 表现出很大的局限性，于是后期又推出了版本 2。版本 2 是无类路由协议，通过组播方式更新，更新过程中携带子网掩码，可以通过路由认证提高安全性，更多的属性使其适用于现代网络。

实验目的

（1）了解 RIPv2 的工作原理；

（2）掌握 RIPv2 的基本配置。

实验设备

路由器　3 台

主机　3 台

交叉线　5 根

实验拓扑

本实验的网络拓扑如图 3.2.1 所示。使用交叉线连接路由器 R1 和 R2、R2 和 R3，使用交叉线将主机 PC1、PC2 和 PC3，分别连接至路由器 R1、R2 和 R3。网络拓扑中各设备接口的 IP 地址配置如表 3.2.1 所示。

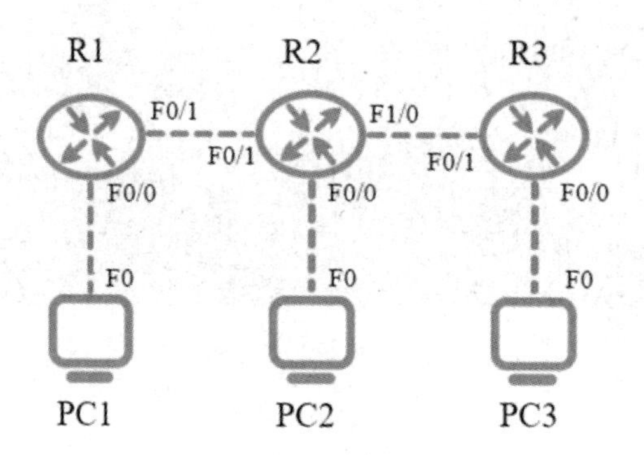

图 3.2.1　网络拓扑

表 3.2.1　各设备接口的 IP 地址配置

设备名称	接口编号	IP 地址	网关地址
R1	F0/0	10.1.1.1/24	/
	F0/1	192.168.12.1/24	/

续表

设备名称	接口编号	IP 地址	网关地址
R2	F0/0	10.1.2.1/24	/
	F0/1	192.168.12.2/24	/
	F1/0	192.168.23.2/24	/
R3	F0/0	10.1.3.1/24	/
	F0/1	192.168.23.3/24	/
PC1	F0	10.1.1.2/24	10.1.1.1
PC2	F0	10.1.2.2/24	10.1.2.1
PC3	F0	10.1.3.2/24	10.1.3.1

实验说明

首先配置路由器各相关接口的 IP 地址及主机 PC1、PC2 和 PC3 的 IP 地址，然后在路由器 R1、R2 和 R3 上配置 RIPv2 路由协议，使各主机和路由器接口之间能够相互通信。

命令描述

围绕路由信息协议的实验目的，基于思科和华为平台，分别对实验中涉及的命令进行详细解释。思科平台的命令如表 3.2.2 所示，华为平台的命令如表 3.2.3 所示。

表 3.2.2　思科平台的命令

序号	命令	说明
1	**router rip**	开启 RIP 路由选择进程
2	**version** ver-num 例如：version 2	选择 RIP 路由协议版本。其中，ver-num 为版本编号，默认为版本 1
3	**no auto-summary**	关闭 RIP 路由协议的自动汇总功能，防止因为自动汇总而导致的问题
4	**network** net-add 例如：network 10.0.0.0	选择需要激活的接口所在的主类网络。其中，net-add 为接口 IP 地址的主类网络号
5	**show ip route rip**	查看 RIP 路由信息

表 3.2.3　华为平台的命令

序号	命令	说明
1	**rip** (process-id) 例如：rip	开启 RIP 路由选择进程。其中，process-id 为进程号，范围为 1～65535，默认为进程 1
2	**version** ver-num 例如：version 2	选择 RIP 路由协议版本。其中，ver-num 为版本编号，默认为版本 1

续表

序号	命令	说明
3	**undo summary**	关闭 RIP 路由协议的自动汇总功能，防止因为自动汇总而导致的问题
4	**network** net-add 例如：network 10.0.0.0	选择需要激活的接口所在的主类网络。其中，net-add 为接口 IP 地址的主类网络号
5	**display ip routing-table protocol rip**	查看 RIP 路由信息

配置实例

1. 思科平台

（1）配置路由器各接口的 IP 地址。

```
R1(config)#interface fastEthernet 0/0
R1(config-if)#ip address 10.1.1.1 255.255.255.0
R1(config-if)#no shutdown
R1(config)#interface fastEthernet 0/1
R1(config-if)#ip address 192.168.12.1 255.255.255.0
R1(config-if)#no shutdown

R2(config)#interface fastEthernet 0/0
R2(config-if)#ip address 10.1.2.1 255.255.255.0
R2(config-if)#no shutdown
R2(config)#interface fastEthernet 0/1
R2(config-if)#ip address 192.168.12.2 255.255.255.0
R2(config-if)#no shutdown
R2(config)#interface fastEthernet 1/0
R2(config-if)#ip address 192.168.23.2 255.255.255.0
R2(config-if)#no shutdown

R3(config)#interface fastEthernet 0/0
R3(config-if)#ip address 10.1.3.1 255.255.255.0
R3(config-if)#no shutdown
R3(config)#interface fastEthernet 0/1
R3(config-if)#ip address 192.168.23.3 255.255.255.0
R3(config-if)#no shutdown
```

（2）配置主机的 IP 地址。

分别打开主机 PC1、PC2 和 PC3 的“IP Configuration”对话框，配置主机的 IP 地址、子网掩码和网关地址，如图 3.2.2～图 3.2.4 所示。

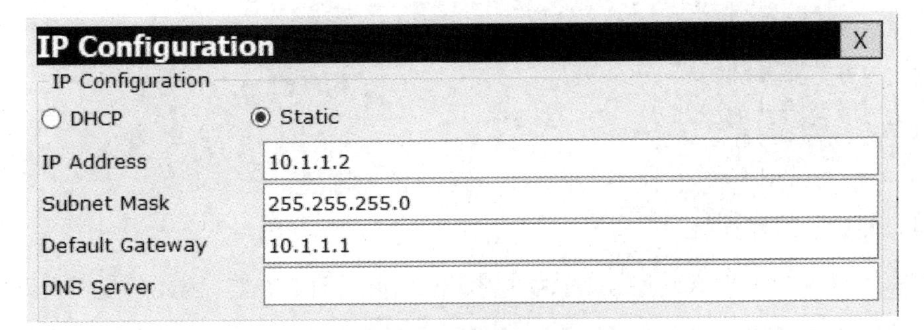

图 3.2.2 PC1 的 IP 地址配置

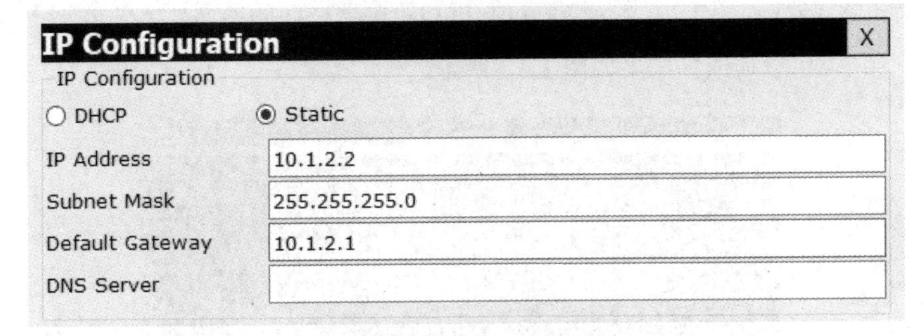

图 3.2.3 PC2 的 IP 地址配置

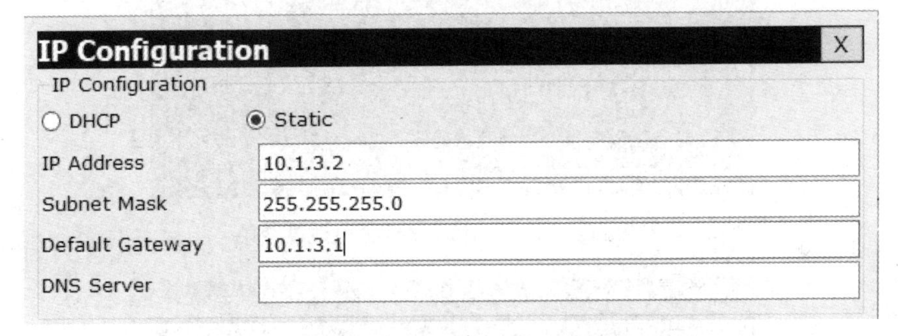

图 3.2.4 PC3 的 IP 地址配置

（3）配置 RIP v2 路由协议。

```
R1(config)#router rip
R1(config-router)#version 2
R1(config-router)#no auto-summary
R1(config-router)#network 192.168.12.0
R1(config-router)#network 10.0.0.0

R2(config)#router rip
R2(config-router)#version 2
R2(config-router)#no auto-summary
R2(config-router)#network 192.168.12.0
R2(config-router)#network 192.168.23.0
R2(config-router)#network 10.0.0.0
```

```
R3(config)#router rip
R3(config-router)#version 2
R3(config-router)#no auto-summary
R3(config-router)#network 192.168.23.0
R3(config-router)#network 10.0.0.0
```

（4）测试网络连通性。

路由器 R1、R2 和 R3 上已经配置了 RIPv2 动态路由协议，因此各主机及路由器接口之间能够相互通信。测试主机之间的连通性，分别在 PC1 上 ping PC2 和 PC3，可以连通，结果如图 3.2.5 和图 3.2.6 所示。测试主机和路由器之间的连通性，在 PC1 上 ping R3 的 F0/1 接口，可以连通，结果如图 3.2.7 所示。

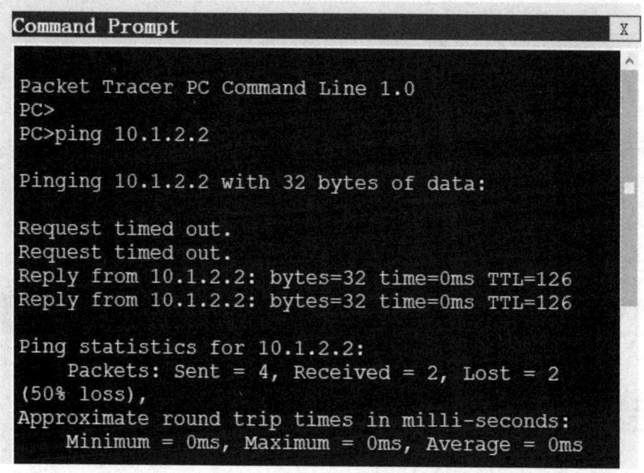

```
Command Prompt

Packet Tracer PC Command Line 1.0
PC>
PC>ping 10.1.2.2

Pinging 10.1.2.2 with 32 bytes of data:

Request timed out.
Request timed out.
Reply from 10.1.2.2: bytes=32 time=0ms TTL=126
Reply from 10.1.2.2: bytes=32 time=0ms TTL=126

Ping statistics for 10.1.2.2:
    Packets: Sent = 4, Received = 2, Lost = 2
(50% loss),
Approximate round trip times in milli-seconds:
    Minimum = 0ms, Maximum = 0ms, Average = 0ms
```

图 3.2.5　PC1 和 PC2 的连通性测试结果

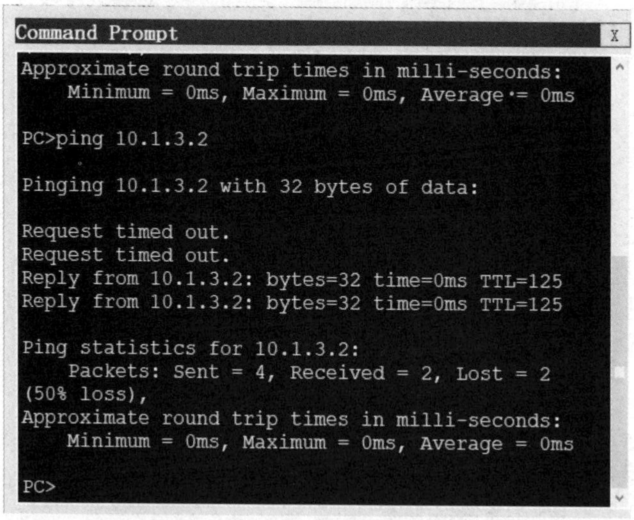

```
Command Prompt
Approximate round trip times in milli-seconds:
    Minimum = 0ms, Maximum = 0ms, Average = 0ms

PC>ping 10.1.3.2

Pinging 10.1.3.2 with 32 bytes of data:

Request timed out.
Request timed out.
Reply from 10.1.3.2: bytes=32 time=0ms TTL=125
Reply from 10.1.3.2: bytes=32 time=0ms TTL=125

Ping statistics for 10.1.3.2:
    Packets: Sent = 4, Received = 2, Lost = 2
(50% loss),
Approximate round trip times in milli-seconds:
    Minimum = 0ms, Maximum = 0ms, Average = 0ms

PC>
```

图 3.2.6　PC1 和 PC3 的连通性测试结果

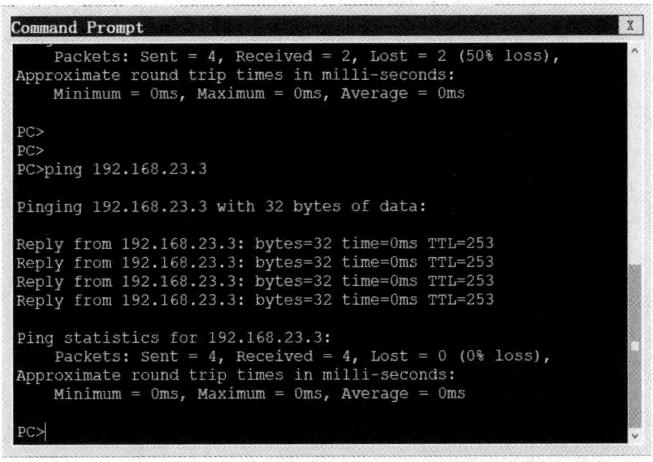

```
Command Prompt
    Packets: Sent = 4, Received = 2, Lost = 2 (50% loss),
Approximate round trip times in milli-seconds:
    Minimum = 0ms, Maximum = 0ms, Average = 0ms

PC>
PC>
PC>ping 192.168.23.3

Pinging 192.168.23.3 with 32 bytes of data:

Reply from 192.168.23.3: bytes=32 time=0ms TTL=253
Reply from 192.168.23.3: bytes=32 time=0ms TTL=253
Reply from 192.168.23.3: bytes=32 time=0ms TTL=253
Reply from 192.168.23.3: bytes=32 time=0ms TTL=253

Ping statistics for 192.168.23.3:
    Packets: Sent = 4, Received = 4, Lost = 0 (0% loss),
Approximate round trip times in milli-seconds:
    Minimum = 0ms, Maximum = 0ms, Average = 0ms

PC>
```

图 3.2.7　PC1 和 R3 的连通性测试结果

2. 华为平台

（1）配置路由器各接口的 IP 地址。

```
[R1]interface GigabitEthernet 0/0/0
[R1-GigabitEthernet0/0/0]ip address 10.1.1.1 24
[R1-GigabitEthernet0/0/0]quit
[R1]interface GigabitEthernet 0/0/1
[R1-GigabitEthernet0/0/1]ip address 192.168.12.1 24
[R1-GigabitEthernet0/0/1]quit

[R2]interface GigabitEthernet 0/0/0
[R2-GigabitEthernet0/0/0]ip address 10.1.2.1 24
[R2-GigabitEthernet0/0/0]quit
[R2]interface GigabitEthernet 0/0/1
[R2-GigabitEthernet0/0/1]ip address 192.168.12.2 24
[R2-GigabitEthernet0/0/1]quit
[R2]interface GigabitEthernet 0/0/2
[R2-GigabitEthernet0/0/2]ip address 192.168.23.2 24
[R2-GigabitEthernet0/0/2]quit

[R3]interface GigabitEthernet 0/0/0
[R3-GigabitEthernet0/0/0]ip address 10.1.3.1 24
[R3-GigabitEthernet0/0/0]quit
[R3]interface GigabitEthernet 0/0/1
[R3-GigabitEthernet0/0/1]ip address 192.168.23.3 24
[R3-GigabitEthernet0/0/1]quit
```

（2）配置主机的 IP 地址。

分别打开主机 PC1、PC2 和 PC3 的“IP v4 配置”界面，配置主机的 IP 地址、子网掩码和网关地址，如图 3.2.8～图 3.2.10 所示。

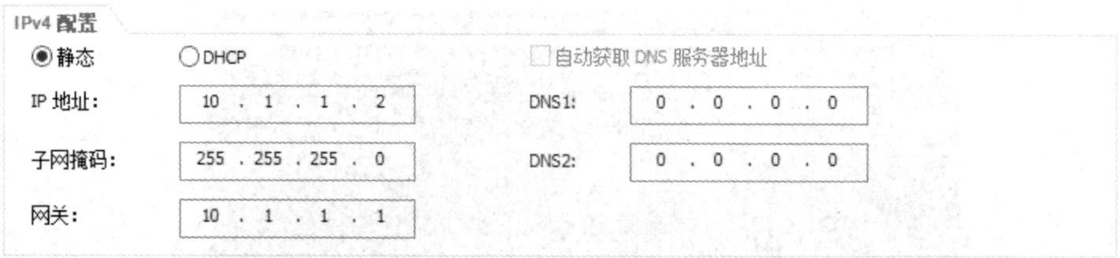

IPv4 配置
◉静态 ○DHCP □自动获取 DNS 服务器地址
IP 地址: 10 . 1 . 1 . 2 DNS1: 0 . 0 . 0 . 0
子网掩码: 255 . 255 . 255 . 0 DNS2: 0 . 0 . 0 . 0
网关: 10 . 1 . 1 . 1

图 3.2.8 PC1 的 IP 地址配置

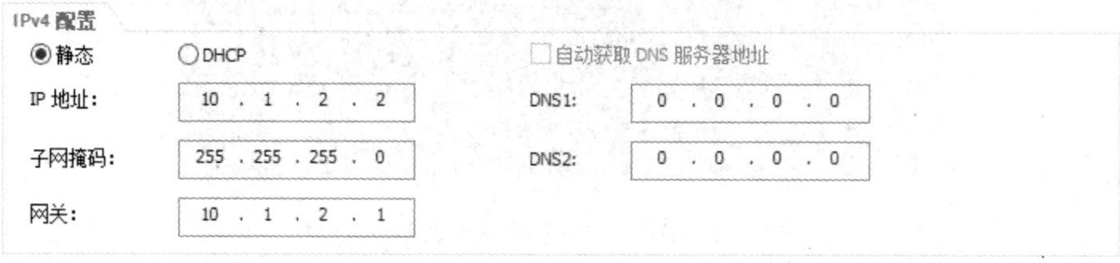

IPv4 配置
◉静态 ○DHCP □自动获取 DNS 服务器地址
IP 地址: 10 . 1 . 2 . 2 DNS1: 0 . 0 . 0 . 0
子网掩码: 255 . 255 . 255 . 0 DNS2: 0 . 0 . 0 . 0
网关: 10 . 1 . 2 . 1

图 3.2.9 PC2 的 IP 地址配置

IPv4 配置
◉静态 ○DHCP □自动获取 DNS 服务器地址
IP 地址: 10 . 1 . 3 . 2 DNS1: 0 . 0 . 0 . 0
子网掩码: 255 . 255 . 255 . 0 DNS2: 0 . 0 . 0 . 0
网关: 10 . 1 . 3 . 1

图 3.2.10 PC3 的 IP 地址配置

（3）配置 RIP v2 路由协议。

```
[R1]rip
[R1-rip-1]version 2
[R1-rip-1]undo summary
[R1-rip-1]network 192.168.12.0
[R1-rip-1]network 10.0.0.0

[R2]rip
[R2-rip-1]version 2
[R2-rip-1]undo summary
[R2-rip-1]network 192.168.12.0
[R2-rip-1]network 192.168.23.0
[R2-rip-1]network 10.0.0.0

[R3]rip
[R3-rip-1]version 2
[R3-rip-1]undo summary
[R3-rip-1]network 192.168.23.0
[R3-rip-1]network 10.0.0.0
```

（4）测试网络连通性。

路由器 R1、R2 和 R3 上已经配置 RIPv2 动态路由协议，因此各主机及路由器接口之间能够相互通信。测试主机之间的连通性，分别在 PC1 上 ping PC2 和 PC3，可以连通，结果如图 3.2.11 和图 3.2.12 所示。测试主机和路由器之间的连通性，在 PC1 上 ping R3 的 F0/1 接口，可以连通，结果如图 3.2.13 所示。

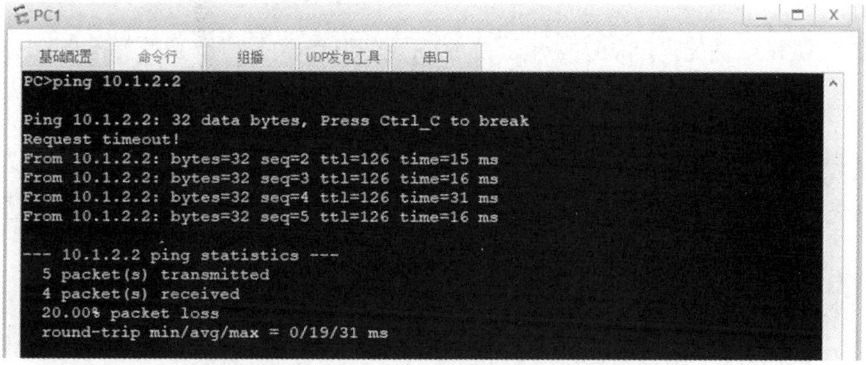

PC1

基础配置 命令行 组播 UDP发包工具 串口

```
PC>ping 10.1.2.2

Ping 10.1.2.2: 32 data bytes, Press Ctrl_C to break
Request timeout!
From 10.1.2.2: bytes=32 seq=2 ttl=126 time=15 ms
From 10.1.2.2: bytes=32 seq=3 ttl=126 time=16 ms
From 10.1.2.2: bytes=32 seq=4 ttl=126 time=31 ms
From 10.1.2.2: bytes=32 seq=5 ttl=126 time=16 ms

--- 10.1.2.2 ping statistics ---
  5 packet(s) transmitted
  4 packet(s) received
  20.00% packet loss
  round-trip min/avg/max = 0/19/31 ms
```

图 3.2.11 PC1 和 PC2 的连通性测试结果

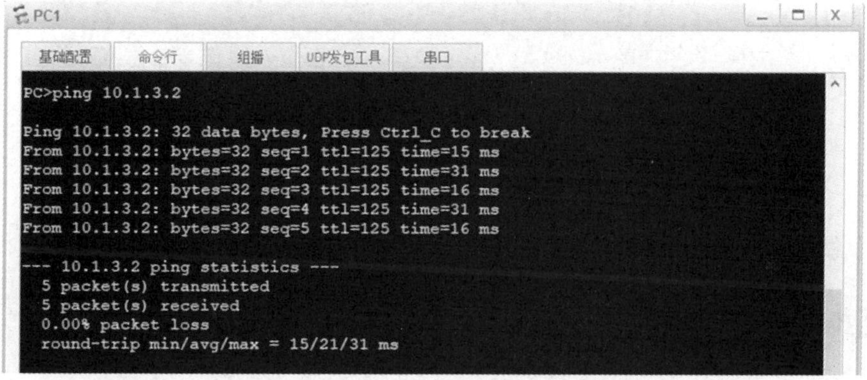

PC1

基础配置 命令行 组播 UDP发包工具 串口

```
PC>ping 10.1.3.2

Ping 10.1.3.2: 32 data bytes, Press Ctrl_C to break
From 10.1.3.2: bytes=32 seq=1 ttl=125 time=15 ms
From 10.1.3.2: bytes=32 seq=2 ttl=125 time=31 ms
From 10.1.3.2: bytes=32 seq=3 ttl=125 time=16 ms
From 10.1.3.2: bytes=32 seq=4 ttl=125 time=31 ms
From 10.1.3.2: bytes=32 seq=5 ttl=125 time=16 ms

--- 10.1.3.2 ping statistics ---
  5 packet(s) transmitted
  5 packet(s) received
  0.00% packet loss
  round-trip min/avg/max = 15/21/31 ms
```

图 3.2.12 PC1 和 PC3 的连通性测试结果

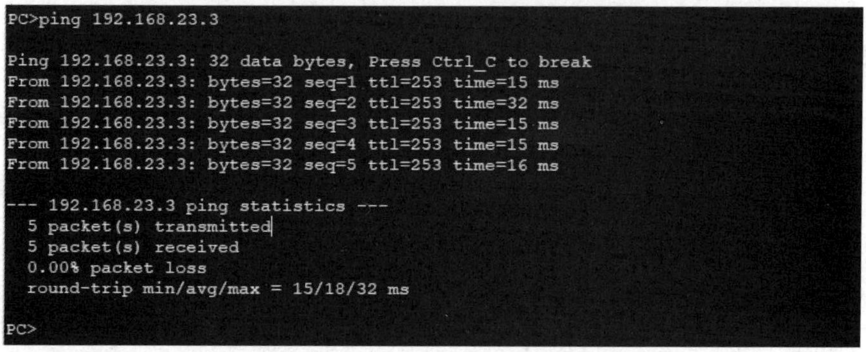

```
PC>ping 192.168.23.3

Ping 192.168.23.3: 32 data bytes, Press Ctrl_C to break
From 192.168.23.3: bytes=32 seq=1 ttl=253 time=15 ms
From 192.168.23.3: bytes=32 seq=2 ttl=253 time=32 ms
From 192.168.23.3: bytes=32 seq=3 ttl=253 time=15 ms
From 192.168.23.3: bytes=32 seq=4 ttl=253 time=15 ms
From 192.168.23.3: bytes=32 seq=5 ttl=253 time=16 ms

--- 192.168.23.3 ping statistics ---
  5 packet(s) transmitted
  5 packet(s) received
  0.00% packet loss
  round-trip min/avg/max = 15/18/32 ms

PC>
```

图 3.2.13 PC1 和 R3 的连通性测试结果

思维拓展

1. RIPv1 和 RIPv2 的区别是什么？

2. 如果在 RIPv2 中不关闭自动汇总功能，会出现什么情况？

实验 3：开放最短路径优先

开放最短路径优先（Open Shortest Path First，OSPF）是一个公有标准的动态路由协议，是一种链路状态路由协议。该协议通过收集路由器产生的链路状态通告（Link State Advertisement，LSA），从而计算路径，获得路由信息，具有更新速度快、网络无环路、扩展性好、支持认证等特点，区域型结构可以限制 LSA 的泛洪，从而适用于大型网络。

实验目的

（1）了解 OSPF 的原理；

（2）掌握 OSPF 的基本配置。

实验设备

路由器	3 台
主机	3 台
交叉线	5 根

实验拓扑

本实验的网络拓扑如图 3.3.1 所示。使用交叉线连接路由器 R1 和 R2、R2 和 R3，使用交叉线将主机 PC1、PC2 和 PC3，分别连接至路由器 R1、R2 和 R3。网络拓扑中各设备接口的 IP 地址配置如表 3.3.1 所示。

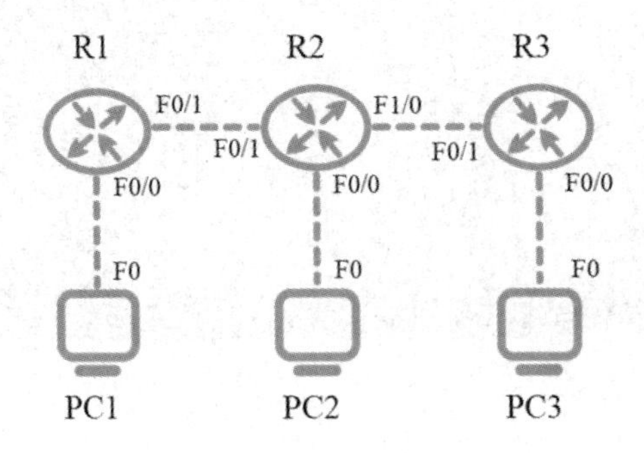

图 3.3.1　网络拓扑

表 3.3.1　各设备接口的 IP 地址配置

设备名称	接口编号	IP 地址	网关地址
R1	F0/0	10.1.1.1/24	/
	F0/1	192.168.12.1/24	/
R2	F0/0	10.1.2.1/24	/
	F0/1	192.168.12.2/24	/
	F1/0	192.168.23.2/24	/
R3	F0/0	10.1.3.1/24	/
	F0/1	192.168.23.3/24	/
PC1	F0	10.1.1.2/24	10.1.1.1
PC2	F0	10.1.2.2/24	10.1.2.1
PC3	F0	10.1.3.2/24	10.1.3.1

实验说明

首先配置路由器各相关接口的 IP 地址及主机 PC1、PC2 和 PC3 的 IP 地址，然后在路由器 R1、R2 和 R3 上配置 OSPF 动态路由协议，使各主机和路由器接口之间能够相互通信。

命令描述

围绕 OSPF 动态路由协议的实验目的，基于思科和华为平台，分别对实验中涉及的命令进行详细解释。思科平台的命令如表 3.3.2 所示，华为平台的命令如表 3.3.3 所示。

表 3.3.2　思科平台的命令

序号	命令	说明
1	**router ospf** process-id 例如：router ospf 100	激活路由器上的一个或多个 OSPF 进程。其中，process-id 为 OSPF 进程号，其范围是 1～65535，该进程号仅在本路由器上有效，与邻居路由器的 OSPF 进程号无关
2	**router-id** a.b.c.d 例如：router-id 1.1.1.1	配置 OSPF 路由器的标识。其中，a.b.c.d 为 32 位 IP 地址结构的编号，OSPF 动态路由协议要求使用 router-id 作为路由器的身份标识。如果在启动路由协议时没有指定 router-id，则路由进程可能无法正常启动。因此必须给每一台 OSPF 路由器定义一个标识。OSPF 的 router-id 的显示形式是 a.b.c.d，格式与 IP 地址相同，但它实际上并不是一个 IP 地址，而是一个名字
3	**network** net-num wild-card-bits **area** area-id 例如：network 10.1.1.0 0.0.0.255 area 0	将接口加入 OSPF 进程并确定所属区域。其中，net-num 为接口的网络号，wild-card-bits 为接口的通配符掩码，area-id 为接口所属的 OSPF 区域
4	**show ip route ospf**	查看 OSPF 路由信息

表 3.3.3　华为平台的命令

序号	命令	说明
1	**ospf** (process-id) 例如：ospf	激活路由器上的一个或多个 OSPF 进程。process-id 为 OSPF 进程号，其范围是 1～65535，默认为进程 1，该进程号仅在本路由器上有效，与邻居路由器的 OSPF 进程号无关
2	**router-id** a.b.c.d 例如：router-id 1.1.1.1	配置 OSPF 路由器的标识。其中，a.b.c.d 为 32 位 IP 地址结构的编号，OSPF 动态路由协议要求使用 router-id 作为路由器的身份标识。如果在启动路由协议时没有指定 router-id，则路由进程可能无法正常启动。因此必须给每一台 OSPF 路由器定义一个标识。OSPF 的 router-id 的显示形式是 a.b.c.d，格式与 IP 地址相同，但它实际上并不是一个 IP 地址，而是一个名字
3	**area** area-id 例如：area 0	进入 OSPF 区域进程。其中，area-id 为区域号。根据 OSPF 区域划分规则，每一个网段必须属于一个区域且只能属于一个区域，即每个运行 OSPF 动态路由协议的接口必须指定属于某一个特定区域。区域用区域号来标识，区域号的取值范围是 $0 \sim 2^{32}$
4	**network** net-num wild-card-bits 例如：network 10.1.1.0 0.0.0.255	将接口加入 OSPF 进程。其中，net-num 为接口的网络号，wild-card-bits 为接口的通配符掩码
5	**display ip routing-table protocol ospf**	查看 OSPF 路由信息

配置实例

1．思科平台

（1）配置路由器接口的 IP 地址。

```
R1(config)#interface fastEthernet 0/0
R1(config-if)#ip address 10.1.1.1 255.255.255.0
R1(config-if)#no shutdown
R1(config)#interface fastEthernet 0/1
R1(config-if)#ip address 192.168.12.1 255.255.255.0
R1(config-if)#no shutdown

R2(config)#interface fastEthernet 0/0
R2(config-if)#ip address 10.1.2.1 255.255.255.0
R2(config-if)#no shutdown
R2(config)#interface fastEthernet 0/1
R2(config-if)#ip address 192.168.12.2 255.255.255.0
R2(config-if)#no shutdown
R2(config)#interface fastEthernet 1/0
R2(config-if)#ip address 192.168.23.2 255.255.255.0
R2(config-if)#no shutdown

R3(config)#interface fastEthernet 0/0
R3(config-if)#ip address 10.1.3.1 255.255.255.0
R3(config-if)#no shutdown
```

```
R3(config)#interface fastEthernet 0/1
R3(config-if)#ip address 192.168.23.3 255.255.255.0
R3(config-if)#no shutdown
```

（2）配置主机的 IP 地址。

分别打开主机 PC1、PC2 和 PC3 的“IP Configuration”对话框，配置主机的 IP 地址、子网掩码和网关地址，如图 3.3.2～图 3.3.4 所示。

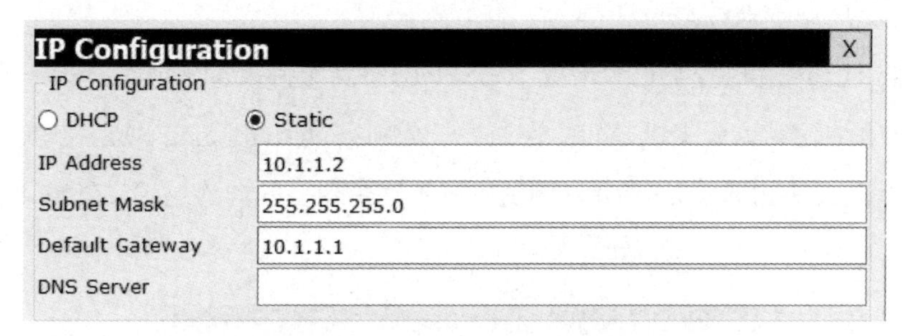

图 3.3.2　PC1 的 IP 地址配置

IP Configuration
X
IP Configuration
DHCP
Static
IP Address
10.1.2.2
Subnet Mask
255.255.255.0
Default Gateway
10.1.2.1
DNS Server

图 3.3.3　PC2 的 IP 地址配置

IP Configuration
X
IP Configuration
DHCP
Static
IP Address
10.1.3.2
Subnet Mask
255.255.255.0
Default Gateway
10.1.3.1
DNS Server

图 3.3.4　PC3 的 IP 地址配置

（3）配置 OSPF 动态路由协议。

```
R1(config)#router ospf 100
R1(config-router)#router-id 1.1.1.1
R1(config-router)#network 192.168.12.0 0.0.0.255 area 0
R1(config-router)#network 10.1.1.0 0.0.0.255 area 0

R2(config)#router ospf 200
R2(config-router)#router-id 2.2.2.2
R2(config-router)#network 192.168.12.0 0.0.0.255 area 0
```

```
R2(config-router)#network 192.168.23.0 0.0.0.255 area 1
R2(config-router)#network 10.1.2.0 0.0.0.255 area 0

R3(config)#router ospf 300
R3(config-router)#router-id 3.3.3.3
R3(config-router)#network 192.168.23.0 0.0.0.255 area 1
R3(config-router)#network 10.1.3.0 0.0.0.255 area 1
```

（4）测试网络连通性。

路由器 R1、R2 和 R3 上已经配置了 OSPF 动态路由协议，因此各主机及路由器接口之间能够相互通信。测试主机之间的连通性，分别在 PC1 上 ping PC2 和 PC3，可以连通，结果如图 3.3.5 和图 3.3.6 所示。测试主机和路由器之间的连通性，在 PC1 上 ping R3 的 F0/1 接口，可以连通，结果如图 3.3.7 所示。

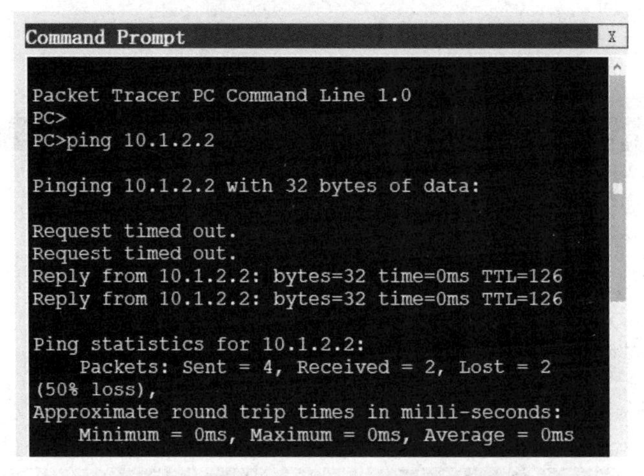

图 3.3.5　PC1 和 PC2 的连通性测试结果

```
Command Prompt
Approximate round trip times in milli-seconds:
    Minimum = 0ms, Maximum = 0ms, Average = 0ms

PC>ping 10.1.3.2

Pinging 10.1.3.2 with 32 bytes of data:

Request timed out.
Request timed out.
Reply from 10.1.3.2: bytes=32 time=0ms TTL=125
Reply from 10.1.3.2: bytes=32 time=0ms TTL=125

Ping statistics for 10.1.3.2:
    Packets: Sent = 4, Received = 2, Lost = 2
(50% loss),
Approximate round trip times in milli-seconds:
    Minimum = 0ms, Maximum = 0ms, Average = 0ms

PC>
```

图 3.3.6　PC1 和 PC3 的连通性测试结果

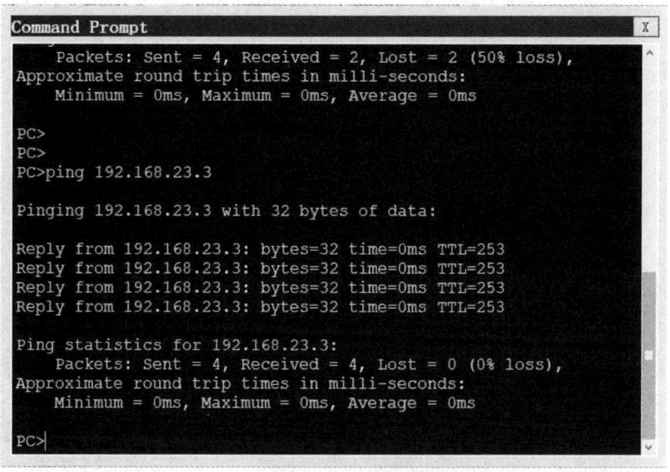

```
Command Prompt
    Packets: Sent = 4, Received = 2, Lost = 2 (50% loss),
Approximate round trip times in milli-seconds:
    Minimum = 0ms, Maximum = 0ms, Average = 0ms

PC>
PC>
PC>ping 192.168.23.3

Pinging 192.168.23.3 with 32 bytes of data:

Reply from 192.168.23.3: bytes=32 time=0ms TTL=253
Reply from 192.168.23.3: bytes=32 time=0ms TTL=253
Reply from 192.168.23.3: bytes=32 time=0ms TTL=253
Reply from 192.168.23.3: bytes=32 time=0ms TTL=253

Ping statistics for 192.168.23.3:
    Packets: Sent = 4, Received = 4, Lost = 0 (0% loss),
Approximate round trip times in milli-seconds:
    Minimum = 0ms, Maximum = 0ms, Average = 0ms

PC>
```

图 3.3.7 PC1 和 R3 的连通性测试结果

2. 华为平台

（1）配置路由器各接口的 IP 地址。

```
[R1]interface GigabitEthernet 0/0/0
[R1-GigabitEthernet0/0/0]ip address 10.1.1.1 24
[R1-GigabitEthernet0/0/0]quit
[R1]interface GigabitEthernet 0/0/1
[R1-GigabitEthernet0/0/1]ip address 192.168.12.1 24
[R1-GigabitEthernet0/0/1]quit

[R2]interface GigabitEthernet 0/0/0
[R2-GigabitEthernet0/0/0]ip address 10.1.2.1 24
[R2-GigabitEthernet0/0/0]quit
[R2]interface GigabitEthernet 0/0/1
[R2-GigabitEthernet0/0/1]ip address 192.168.12.2 24
[R2-GigabitEthernet0/0/1]quit
[R2]interface GigabitEthernet 0/0/2
[R2-GigabitEthernet0/0/2]ip address 192.168.23.2 24
[R2-GigabitEthernet0/0/2]quit

[R3]interface GigabitEthernet 0/0/0
[R3-GigabitEthernet0/0/0]ip address 10.1.3.1 24
[R3-GigabitEthernet0/0/0]quit
[R3]interface GigabitEthernet 0/0/1
[R3-GigabitEthernet0/0/1]ip address 192.168.23.3 24
[R3-GigabitEthernet0/0/1]quit
```

（2）配置主机的 IP 地址。

分别打开主机 PC1、PC2 和 PC3 的“IP v4 配置”界面，配置主机的 IP 地址、子网掩码和网关地址，如图 3.3.8～图 3.3.10 所示。

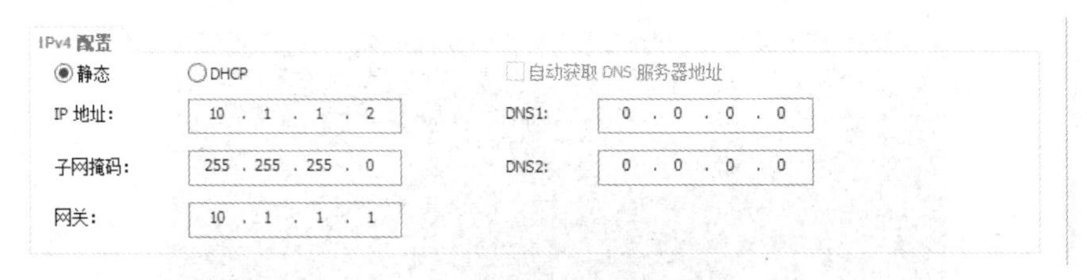

图 3.3.8　PC1 的 IP 地址配置

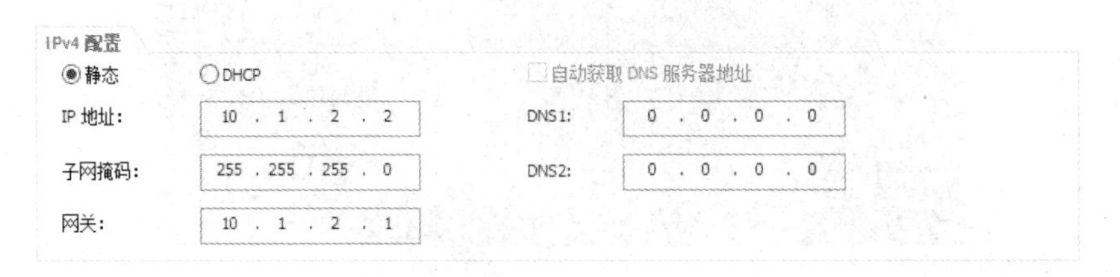

图 3.3.9　PC2 的 IP 地址配置

IPv4 配置
静态　DHCP　自动获取 DNS 服务器地址
IP 地址: 10 . 1 . 3 . 2　DNS1: 0 . 0 . 0 . 0
子网掩码: 255 . 255 . 255 . 0　DNS2: 0 . 0 . 0 . 0
网关: 10 . 1 . 3 . 1

图 3.3.10　PC3 的 IP 地址配置

（3）配置 OSPF 动态路由协议。

```
[R1]ospf 100 router-id 1.1.1.1
[R1-ospf-100]area 0
[R1-ospf-100-area-0.0.0.0]network 192.168.12.0 0.0.0.255
[R1-ospf-100-area-0.0.0.0]network 10.1.1.0 0.0.0.255

[R2]ospf 200 router-id 2.2.2.2
[R2-ospf-200]area 0
[R2-ospf-200-area-0.0.0.0]network 192.168.12.0 0.0.0.255
[R2-ospf-200-area-0.0.0.0]network 10.1.2.0 0.0.0.255
[R2-ospf-200-area-0.0.0.0]quit
[R2-ospf-200]area 1
[R2-ospf-200-area-0.0.0.1]network 192.168.23.0 0.0.0.255

[R3]ospf 300 router-id 3.3.3.3
[R3-ospf-300]area 1
[R3-ospf-300-area-0.0.0.1]network 192.168.23.0 0.0.0.255
[R3-ospf-300-area-0.0.0.1]network 10.1.3.0 0.0.0.255
```

（4）测试网络连通性。

路由器 R1、R2 和 R3 上已经配置了 OSPF 动态路由协议，因此各主机及路由器接口之间能够相互通信。测试主机之间的连通性，分别在 PC1 上 ping PC2 和 PC3，可以连通，结果如图 3.3.11 和图 3.3.12 所示。测试主机和路由器之间的连通性，在 PC1 上 ping R3 的 F0/1 接口，可以连通，结果如图 3.3.13 所示。

```
PC1
基础配置 命令行 组播 UDP发包工具 串口
PC>ping 10.1.2.2

Ping 10.1.2.2: 32 data bytes, Press Ctrl_C to break
Request timeout!
From 10.1.2.2: bytes=32 seq=2 ttl=126 time=15 ms
From 10.1.2.2: bytes=32 seq=3 ttl=126 time=16 ms
From 10.1.2.2: bytes=32 seq=4 ttl=126 time=31 ms
From 10.1.2.2: bytes=32 seq=5 ttl=126 time=16 ms

--- 10.1.2.2 ping statistics ---
  5 packet(s) transmitted
  4 packet(s) received
  20.00% packet loss
  round-trip min/avg/max = 0/19/31 ms
```

图 3.3.11 PC1 和 PC2 的连通性测试结果

```
PC1
基础配置 命令行 组播 UDP发包工具 串口
PC>ping 10.1.3.2

Ping 10.1.3.2: 32 data bytes, Press Ctrl_C to break
From 10.1.3.2: bytes=32 seq=1 ttl=125 time=15 ms
From 10.1.3.2: bytes=32 seq=2 ttl=125 time=31 ms
From 10.1.3.2: bytes=32 seq=3 ttl=125 time=16 ms
From 10.1.3.2: bytes=32 seq=4 ttl=125 time=31 ms
From 10.1.3.2: bytes=32 seq=5 ttl=125 time=16 ms

--- 10.1.3.2 ping statistics ---
  5 packet(s) transmitted
  5 packet(s) received
  0.00% packet loss
  round-trip min/avg/max = 15/21/31 ms
```

图 3.3.12 PC1 和 PC3 的连通性测试结果

```
PC>ping 192.168.23.3

Ping 192.168.23.3: 32 data bytes, Press Ctrl_C to break
From 192.168.23.3: bytes=32 seq=1 ttl=253 time=15 ms
From 192.168.23.3: bytes=32 seq=2 ttl=253 time=32 ms
From 192.168.23.3: bytes=32 seq=3 ttl=253 time=15 ms
From 192.168.23.3: bytes=32 seq=4 ttl=253 time=15 ms
From 192.168.23.3: bytes=32 seq=5 ttl=253 time=16 ms

--- 192.168.23.3 ping statistics ---
  5 packet(s) transmitted
  5 packet(s) received
  0.00% packet loss
  round-trip min/avg/max = 15/18/32 ms

PC>
```

图 3.3.13 PC1 和 R3 的连通性测试结果

思维拓展

1．如果 OSPF 邻居路由器接口属于不同的区域，会出现什么情况？

2．OSPF 路由器 router-id 的限制是什么？

第四章 互联网接入及安全控制实验

用户如果要使用互联网中的资源，必须首先将自己的计算机接入互联网。ISP（Internet Service Provider，因特网服务提供者）是用户和互联网之间的桥梁，用户使用 ISP 的服务接入互联网，进而访问互联网中丰富的信息资源。网络地址转换（Network Address Translation，NAT）就是一种常用的接入广域网（Wide Area Network，WAN）的技术，可以将私有地址转化为公用地址，从而接入互联网。NAT 不仅完美地解决了 IP 地址不足的问题，而且能够有效地避免来自网络外部的攻击，隐藏并保护网络内部的计算机。

从网络安全的角度考虑，需要对接入用户进行安全控制，允许或拒绝用户访问网络资源。访问控制列表（Access Control List，ACL）是一组报文过滤的规则集合，对进入、离开或经过路由器的数据包进行过滤，即允许或拒绝访问，从而达到访问控制的目的。通过在路由器上读取第三层和第四层包头中的信息，如源 IP 地址、目的 IP 地址、源端口、目的端口等，根据预先定义好的规则对数据包进行匹配。如果匹配成功，则指定的操作将被执行；如果匹配不成功，则移动到下一条规则，重复匹配过程。ACL 的应用非常广泛和灵活，主要可分为以下 3 类：安全性过滤、流量过滤、数据包识别。

本章重点学习互联网接入和安全控制的基本配置，通过实验熟练掌握动态主机配置协议、访问控制列表、网络地址转换等功能的配置过程。

实验 1：标准访问控制列表

访问控制列表的主要作用是根据相关参数，匹配数据包，并通过不同的应用方式，满足不同的需求。本实验通过访问控制列表，进行数据包过滤。 访问控制列表主要有两种类型，因厂商不同，所以相同类型的名称略有变化。

（1）标准访问控制列表（思科）/基本访问控制列表（华为）：只匹配源 IP 地址来进

行过滤。

（2）扩展访问控制列表（思科）/高级访问控制列表（华为）：匹配源 IP 地址和目标 IP 地址、协议、端口号等来进行过滤。

思科平台访问控制列表默认拒绝所有语句，华为平台访问控制列表默认允许所有语句。

实验目的

（1）了解标准访问控制列表的原理；

（2）掌握标准访问控制列表的基本配置。

实验设备

路由器　　2 台

主机　　2 台

交叉线　　3 根

实验拓扑

本实验的网络拓扑如图 4.1.1 所示。使用交叉线连接路由器 R1 和 R2、主机 PC1 和路由器 R1、主机 PC2 和路由器 R2。网络拓扑中各设备接口的 IP 地址配置如表 4.1.1 所示。

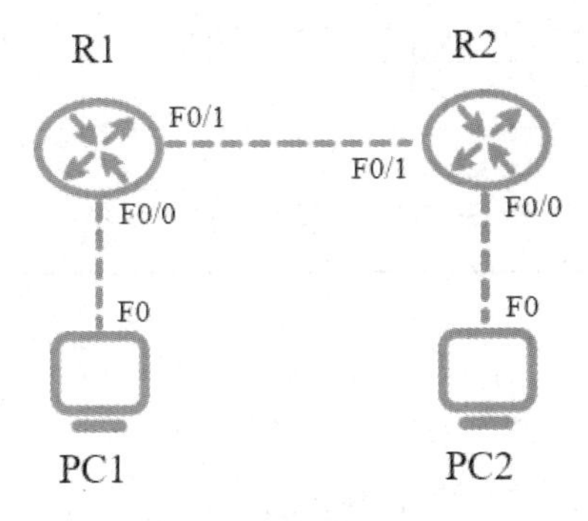

图 4.1.1　网络拓扑

表 4.1.1　各设备接口的 IP 地址配置

设备名称	接口编号	IP 地址	网关地址
R1	F0/0	10.1.1.1/24	/
	F0/1	192.168.12.1/24	/

续表

设备名称	接口编号	IP 地址	网关地址
R2	F0/0	10.1.2.1/24	/
	F0/1	192.168.12.2/24	/
PC1	F0	10.1.1.2/24	10.1.1.1
PC2	F0	10.1.2.2/24	10.1.2.1

实验说明

首先，配置路由协议，使主机间能够相互通信。然后，在 R2 上配置访问控制列表，拒绝来自 PC1 的数据包访问 PC2。需要注意的是，在数据过滤中，标准访问控制列表需要尽可能配置在靠近目标网络的接口上，以减小影响范围。

命令描述

围绕实验目的，基于思科和华为平台，分别对实验中涉及的命令进行详细解释。思科平台的命令如表 4.1.2 所示，华为平台的命令如表 4.1.3 所示。

表 4.1.2　思科平台的命令

序号	命令	说明
1	**access-list** list-num **deny/permit** source-address （source-wildcard） 例如：access-list 1 deny 10.1.1.0 0.0.0.255	创建标准访问控制列表，允许或拒绝某网段地址。其中，list-num 为访问控制列表编号，其范围为 1～99；source-address 为数据包源 IP 地址；source-wildcard 为源 IP 地址的通配符掩码，当源地址为 any 时，表示所有 IP 地址
2	**ip access-group** list-num **in/out** 例如：ip access-group 1 out	在接口下调用访问控制列表，对进入或离开路由器的数据包进行过滤。其中，list-num 为访问控制列表编号
3	**show access-lists**	查看访问控制列表

表 4.1.3　华为平台的命令

序号	命令	说明
1	**acl** list-num 例如：acl 2000	创建基本访问控制列表。其中，list-num 为列表编号，其范围为 2000～2999
2	**rule permit/deny source** source-address （source-wildcard） 例如：rule deny source 10.1.1.0 0.0.0.255	设置基本访问控制列表规则，允许或拒绝某网段地址。其中，source-address 为数据包源 IP 地址；source-wildcard 为源 IP 地址的通配符掩码，当源地址为 any 时，表示所有 IP 地址
3	**traffic-filter inbound/outbound acl** list-num 例如：traffic-filter outbound acl 2000	在接口下调用访问控制列表，对进入或离开路由器的数据包进行过滤。其中，list-num 为访问控制列表编号
4	**display acl all**	查看访问控制列表

配置实例

1. 思科平台

（1）配置路由器接口的 IP 地址。

```
R1(config)#interface fastEthernet 0/0
R1(config-if)#ip address 10.1.1.1 255.255.255.0
R1(config-if)#no shutdown
R1(config-if)#exit
R1(config)#interface fastEthernet 0/1
R1(config-if)#ip address 192.168.12.1 255.255.255.0
R1(config-if)#no shutdown
R1(config-if)#exit

R2(config)#interface fastEthernet 0/0
R2(config-if)#ip address 10.1.2.1 255.255.255.0
R2(config-if)#no shutdown
R2(config-if)#exit
R2(config)#interface fastEthernet 0/1
R2(config-if)#ip address 192.168.12.2 255.255.255.0
R2(config-if)#no shutdown
```

（2）配置主机的 IP 地址。

分别打开主机 PC1 和 PC2 的“IP Configuration”对话框，配置主机的 IP 地址、子网掩码和网关地址，如图 4.1.2 和图 4.1.3 所示。

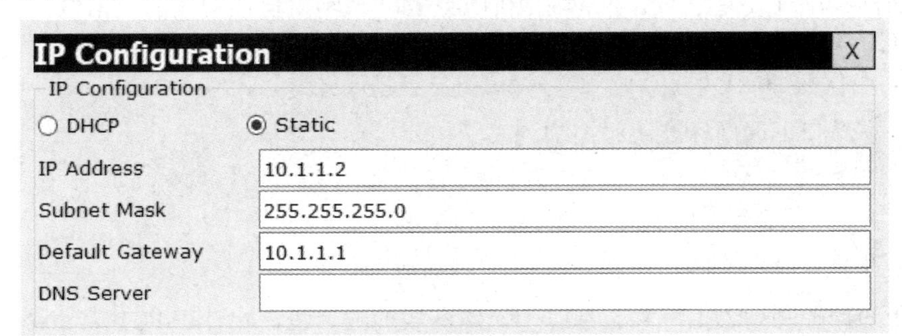

图 4.1.2　PC1 的 IP 地址配置

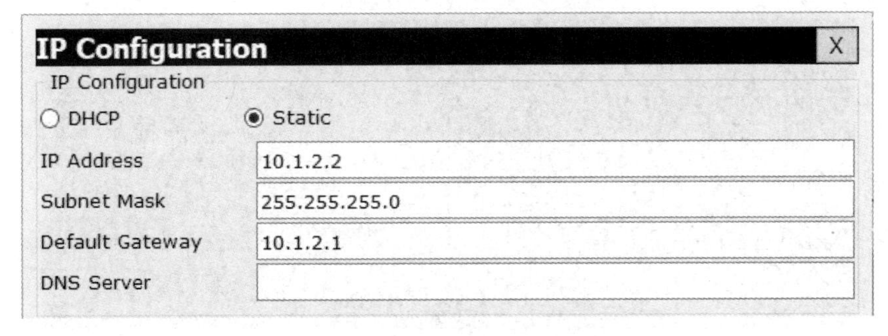

图 4.1.3　PC2 的 IP 地址配置

（3）配置路由协议。

在 R1 和 R2 上配置路由协议，可以选择任意路由协议，此处使用的是静态路由。

```
R1(config)#ip route 10.1.2.0 255.255.255.0 192.168.12.2

R2(config)#ip route 10.1.1.0 255.255.255.0 192.168.12.1
```

（4）测试网络连通性。

路由器 R1 和 R2 上已经配置了静态路由，因此各主机及路由器接口之间能够相互通信。在 PC1 上 ping PC2，主机之间可以相互访问，结果如图 4.1.4 所示。

```
PC>ping 10.1.2.2

Pinging 10.1.2.2 with 32 bytes of data:

Request timed out.
Request timed out.
Reply from 10.1.2.2: bytes=32 time=0ms TTL=126
Reply from 10.1.2.2: bytes=32 time=1ms TTL=126

Ping statistics for 10.1.2.2:
    Packets: Sent = 4, Received = 2, Lost = 2 (50%
loss),
Approximate round trip times in milli-seconds:
    Minimum = 0ms, Maximum = 1ms, Average = 0ms
```

图 4.1.4　PC1 和 PC2 的连通性测试结果

（5）配置标准访问控制列表。

该访问控制列表匹配 PC1 的网段 10.1.1.0/24，拒绝来自该网段的数据包。

```
R2(config)#access-list 1 deny 10.1.1.0 0.0.0.255
R2(config)#access-list 1 permit any
```

（6）在接口下调用标准访问控制列表。

```
R2(config)#interface fastEthernet 0/0
R2(config-if)#ip access-group 1 out
```

（7）测试网络连通性。

由于访问控制列表拒绝来自 10.1.1.0/24 网段的数据包，此时在 PC1 上 ping PC2，显示无法连通，如图 4.1.5 所示。

```
PC>ping 10.1.2.2

Pinging 10.1.2.2 with 32 bytes of data:

Reply from 192.168.12.2: Destination host unreachable.
Reply from 192.168.12.2: Destination host unreachable.
Reply from 192.168.12.2: Destination host unreachable.
Reply from 192.168.12.2: Destination host unreachable.

Ping statistics for 10.1.2.2:
    Packets: Sent = 4, Received = 0, Lost = 4 (100% loss),
```

图 4.1.5　PC1 的数据包无法到达 PC2

2. 华为平台

（1）配置路由器接口的 IP 地址。

```
[R1]interface GigabitEthernet 0/0/0
[R1-GigabitEthernet0/0/0]ip address 10.1.1.1 24
[R1-GigabitEthernet0/0/0]quit
[R1]interface GigabitEthernet 0/0/1
[R1-GigabitEthernet0/0/1]ip address 192.168.12.1 24
[R1-GigabitEthernet0/0/1]quit

[R2]interface GigabitEthernet 0/0/0
[R2-GigabitEthernet0/0/0]ip address 10.1.2.1 24
[R2-GigabitEthernet0/0/0]quit
[R2]interface GigabitEthernet 0/0/1
[R2-GigabitEthernet0/0/1]ip address 192.168.12.2 24
[R2-GigabitEthernet0/0/1]quit
```

（2）配置主机的 IP 地址。

分别打开主机 PC1 和 PC2 的“IPv4 配置”界面，配置主机的 IP 地址、子网掩码和网关地址，如图 4.1.6 和图 4.1.7 所示。

图 4.1.6　PC1 的 IP 地址配置

IPv4 配置
静态
DHCP
自动获取 DNS 服务器地址
IP 地址:
10 . 1 . 2 . 2
DNS1:
0 . 0 . 0 . 0
子网掩码:
255 . 255 . 255 . 0
DNS2:
0 . 0 . 0 . 0
网关:
10 . 1 . 2 . 1

图 4.1.7　PC2 的 IP 地址配置

（3）配置路由协议。

在 R1 和 R2 上配置路由协议，可以选择任意路由协议，此处使用的是静态路由。

```
[R1]ip route-static 10.1.2.0 24 192.168.12.2

[R2]ip route-static 10.1.1.0 24 192.168.12.1
```

（4）测试网络连通性。

路由器 R1 和 R2 上已经配置了静态路由，因此各主机及路由器接口之间能够相互通信。在 PC1 上 ping PC2，主机之间可以相互访问，结果如图 4.1.8 所示。

```
PC>ping 10.1.2.2

Ping 10.1.2.2: 32 data bytes, Press Ctrl_C to break
Request timeout!
Request timeout!
From 10.1.2.2: bytes=32 seq=3 ttl=126 time=15 ms
From 10.1.2.2: bytes=32 seq=4 ttl=126 time=32 ms
From 10.1.2.2: bytes=32 seq=5 ttl=126 time=15 ms

--- 10.1.2.2 ping statistics ---
  5 packet(s) transmitted
  3 packet(s) received
  40.00% packet loss
  round-trip min/avg/max = 0/20/32 ms

PC>
```

图 4.1.8　PC1 和 PC2 的连通性测试结果

（5）配置基本访问控制列表。

该访问控制列表匹配 PC1 的网段 10.1.1.0/24，拒绝来自该网段的数据包。

```
[R2]acl 2000
[R2-acl-basic-2000]rule deny source 10.1.1.0 0.0.0.255
```

（6）在接口下调用基本访问控制列表。

```
[R2-GigabitEthernet0/0/1]int g0/0/0
[R2-GigabitEthernet0/0/0]traffic-filter outbound acl 2000
```

（7）测试网络连通性。

由于访问控制列表拒绝来自 10.1.1.0/24 网段的数据包，因此在 PC1 上 ping PC2，显示无法连通，如图 4.1.9 所示。

```
PC>ping 10.1.2.2

Ping 10.1.2.2: 32 data bytes, Press Ctrl_C to break
Request timeout!
Request timeout!
Request timeout!
Request timeout!
Request timeout!

--- 10.1.2.2 ping statistics ---
  5 packet(s) transmitted
  0 packet(s) received
  100.00% packet loss
```

图 4.1.9　PC1 的数据包无法到达 PC2

思维拓展

1．标准访问控制列表和扩展访问控制列表有何区别？

2．访问控制列表有哪些功能？

实验 2：扩展访问控制列表

在访问控制列表匹配参数的时候，标准控制列表匹配的内容单一，控制简单。而扩展访问控制列表可以匹配源 IP 地址、目的 IP 地址、协议类型、端口号等参数，增加了访问列表的可控因素，增强了网络应用的选择性。

实验目的

（1）了解扩展访问控制列表的原理；

（2）掌握扩展访问控制列表的基本配置。

实验设备

路由器	2 台
主机	2 台
交叉线	3 根

实验拓扑

本实验的网络拓扑如图 4.2.1 所示。使用交叉线连接路由器 R1 和 R2、主机 PC1 和路由器 R1、主机 PC2 和路由器 R2。网络拓扑中各设备接口的 IP 地址配置如表 4.2.1 所示。

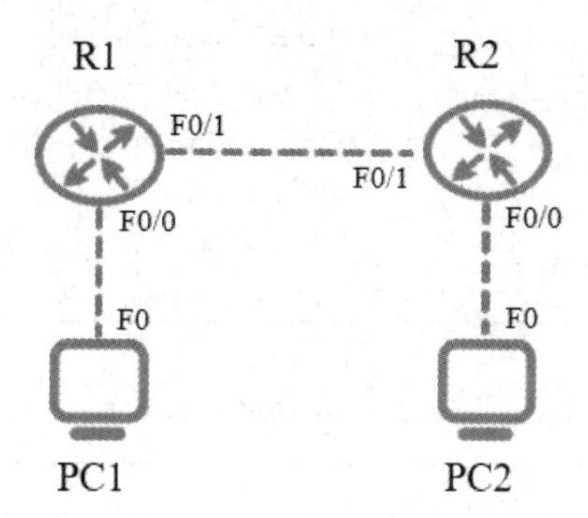

图 4.2.1　网络拓扑

表 4.2.1　各设备接口的 IP 地址配置

设备名称	接口编号	IP 地址	网关地址
R1	F0/0	10.1.1.1/24	/
	F0/1	192.168.12.1/24	/
R2	F0/0	10.1.2.1/24	/
	F0/1	192.168.12.2/24	/

续表

设备名称	接口编号	IP 地址	网关地址
PC1	F0	10.1.1.2/24	10.1.1.1
PC2	F0	10.1.2.2/24	10.1.2.1

实验说明

首先，配置路由协议，使主机间能够相互通信。然后，在 R1 上配置扩展访问控制列表，禁止来自 PC1 的数据包到达 PC2，但允许其他的数据包访问 PC2。需要注意的是，在进行数据过滤时，扩展访问控制列表需要尽可能地配置在靠近源网络的接口上，以减少网络资源消耗。

命令描述

围绕实验目的，基于思科和华为平台，分别对实验中涉及的命令进行详细解释。思科平台的命令如表 4.2.2 所示，华为平台的命令如表 4.2.3 所示。

表 4.2.2　思科平台的命令

序号	命令	说明
1	**access-list** list-num **deny/permit** protocol source-address source-wildcard(**eq** port-num)destination-address destination-wildcard(**eq** port-num) 例如：access-list 100 deny ip 10.1.1.0 0.0.0.255 10.1.2.0 0.0.0.255	创建扩展访问控制列表，允许或拒绝某网段地址去往目标网络。其中，list-num 为访问控制列表编号，其范围为 100～199；protocol 为控制的协议类型；source-address 为数据包的源 IP 地址；source-wildcard 为源 IP 地址的通配符掩码，当源 IP 地址为 any 时，表示所有 IP 地址；destination-address 为数据包的目标 IP 地址，当目标 IP 地址为 any 时，表示所有 IP 地址；destination-wildcard 为目标 IP 地址的通配符掩码；port-num 为应用进程的端口号，该参数为可选项，表示该访问控制列表是针对特定端口的，eq 的含义是“等于”
2	**ip access-group** list-num **in/out**	调用访问控制列表，对进入或离开路由器的数据包进行过滤。其中，list-num 为访问控制列表编号

表 4.2.3　华为平台的命令

序号	命令	说明
1	acl list-num	创建高级访问控制列表。其中，list-num 为列表编号，其范围为 3000～3999
2	**rule permit/deny** protocol source-address source-wildcard(**source-port eq** port-num)destination-address destination-wildcard(**destination-port eq** port-num) 例如：rule deny ip destination 10.1.2.0 0.0.0.255 source 10.1.1.0 0.0.0.255	设置高级访问控制列表规则，允许或拒绝某网段地址去往目标网络。其中，protocol 为控制的协议类型；source-address 为数据包的源 IP 地址；source-wildcard 为源 IP 地址的通配符掩码，当源 IP 地址为 any 时，表示所有 IP 地址；destination-address 为数据包的目标 IP 地址，当目标 IP 地址为 any 时，表示所有 IP 地址；destination-wildcard 为目标 IP 地址的通配符掩码；port-num 为应用进程的端口号，该参数为可选项，表示该访问控制列表是针对特定端口的，eq 的含义是“等于”

续表

序号	命令	说明
3	**traffic-filter inbound/outbound acl** list-num 例如：traffic-filter outbound acl 3000	调用访问控制列表，对进入或离开路由器的数据包进行过滤。其中，list-num 为访问控制列表编号

配置实例

（1）配置各路由器接口的 IP 地址。

```
R1(config)#interface fastEthernet 0/0
R1(config-if)#ip address 10.1.1.1 255.255.255.0
R1(config-if)#no shutdown
R1(config-if)#exit
R1(config)#interface fastEthernet 0/1
R1(config-if)#ip address 192.168.12.1 255.255.255.0
R1(config-if)#no shutdown
R1(config-if)#exit

R2(config)#interface fastEthernet 0/0
R2(config-if)#ip address 10.1.2.1 255.255.255.0
R2(config-if)#no shutdown
R2(config-if)#exit
R2(config)#interface fastEthernet 0/1
R2(config-if)#ip address 192.168.12.2 255.255.255.0
R2(config-if)#no shutdown
```

（2）配置主机的 IP 地址。

分别打开主机 PC1 和 PC2 的“IP Configuration”对话框，配置主机的 IP 地址、子网掩码和网关地址，如图 4.2.2 和图 4.2.3 所示。

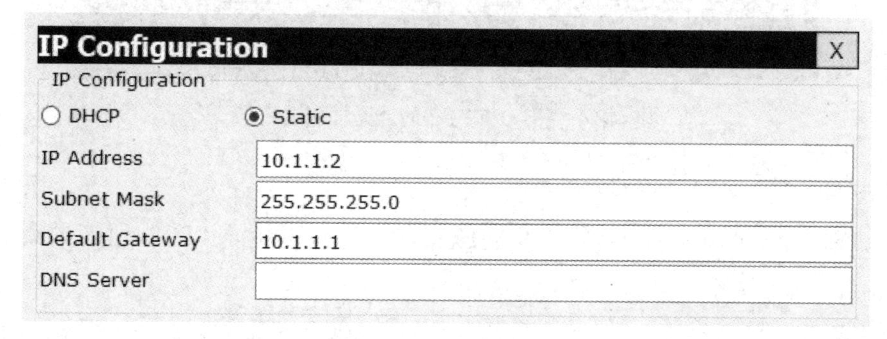

图 4.2.2　PC1 的 IP 地址配置

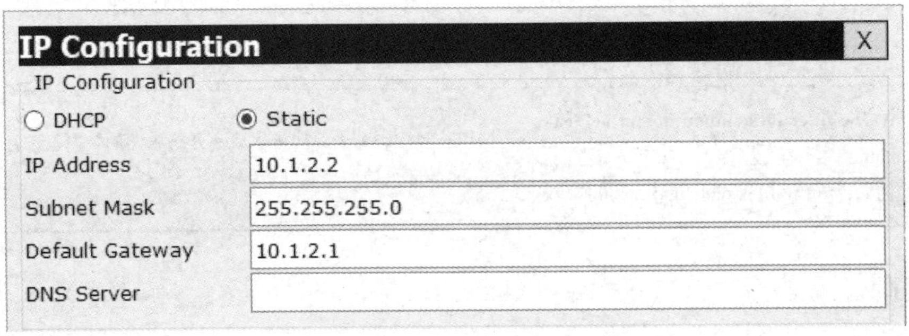

IP Configuration

IP Configuration	
○ DHCP	◉ Static
IP Address	10.1.2.2
Subnet Mask	255.255.255.0
Default Gateway	10.1.2.1
DNS Server	

图 4.2.3　PC2 的 IP 地址配置

（3）配置路由协议。

在 R1 和 R2 上配置路由协议，可以选择任意路由协议，此处使用的是静态路由。

```
R1(config)#ip route 10.1.2.0 255.255.255.0 192.168.12.2

R2(config)#ip route 10.1.1.0 255.255.255.0 192.168.12.1
```

（4）测试网络连通性。

此时路由器 R1 和 R2 上已配置静态路由，因此各主机及路由器接口之间能够相互通信。在 PC1 上 ping PC2，主机之间可以相互访问，结果如图 4.2.4 所示。

```
PC>ping 10.1.2.2

Pinging 10.1.2.2 with 32 bytes of data:

Request timed out.
Request timed out.
Reply from 10.1.2.2: bytes=32 time=0ms TTL=126
Reply from 10.1.2.2: bytes=32 time=1ms TTL=126

Ping statistics for 10.1.2.2:
    Packets: Sent = 4, Received = 2, Lost = 2 (50%
loss),
Approximate round trip times in milli-seconds:
    Minimum = 0ms, Maximum = 1ms, Average = 0ms
```

图 4.2.4　PC1 和 PC2 的连通性测试结果

（5）配置扩展访问控制列表。

该访问控制列表匹配 PC1 所在的源网段 10.1.1.0/24 和 PC2 所在的目标网段 10.1.2.0/24，拒绝两个网段的数据包通信。

```
R1(config)#access-list 100 deny ip 10.1.1.0 0.0.0.255 10.1.2.0 0.0.0.255
R1(config)#access-list 100 permit ip any any
```

（6）在接口下调用扩展访问控制列表。

```
R1(config)#interface fastEthernet 0/0
R1(config-if)#ip access-group 100 in
```

（7）测试网络连通性。

由于扩展访问控制列表拒绝 PC1 所在网段 10.1.1.0/24 去往 PC2 所在网段 10.1.2.0/24 的数据包，因此在 PC1 上 ping PC2，显示无法连通，如图 4.2.5 所示。

```
PC>ping 10.1.2.2

Pinging 10.1.2.2 with 32 bytes of data:

Reply from 10.1.1.1: Destination host unreachable.
Reply from 10.1.1.1: Destination host unreachable.
Reply from 10.1.1.1: Destination host unreachable.
Reply from 10.1.1.1: Destination host unreachable.

Ping statistics for 10.1.2.2:
    Packets: Sent = 4, Received = 0, Lost = 4 (100% loss),
```

图 4.2.5 PC1 的数据包无法到达 PC2

2. 华为平台

（1）配置各路由器接口的 IP 地址。

```
[R1]interface GigabitEthernet 0/0/0
[R1-GigabitEthernet0/0/0]ip address 10.1.1.1 24
[R1-GigabitEthernet0/0/0]quit
[R1]interface GigabitEthernet 0/0/1
[R1-GigabitEthernet0/0/1]ip address 192.168.12.1 24
[R1-GigabitEthernet0/0/1]quit

[R2]interface GigabitEthernet 0/0/0
[R2-GigabitEthernet0/0/0]ip address 10.1.2.1 24
[R2-GigabitEthernet0/0/0]quit
[R2]interface GigabitEthernet 0/0/1
[R2-GigabitEthernet0/0/1]ip address 192.168.12.2 24
[R2-GigabitEthernet0/0/1]quit
```

（2）配置主机的 IP 地址。

分别打开主机 PC1 和 PC2 的“IPv4 配置”界面，配置主机的 IP 地址、子网掩码和网关地址，如图 4.2.6 和图 4.2.7 所示。

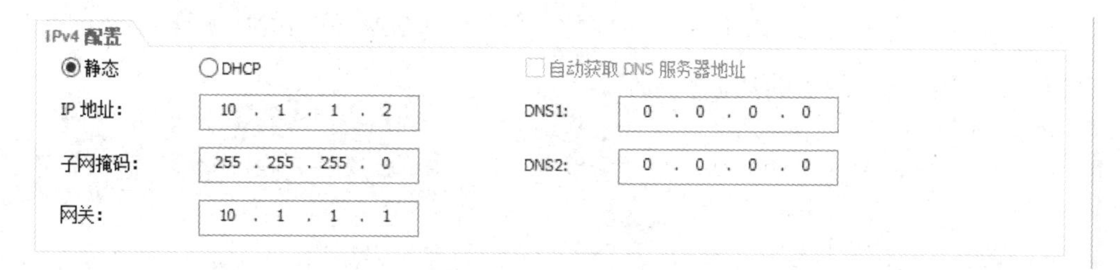

图 4.2.6 PC1 的 IP 地址配置

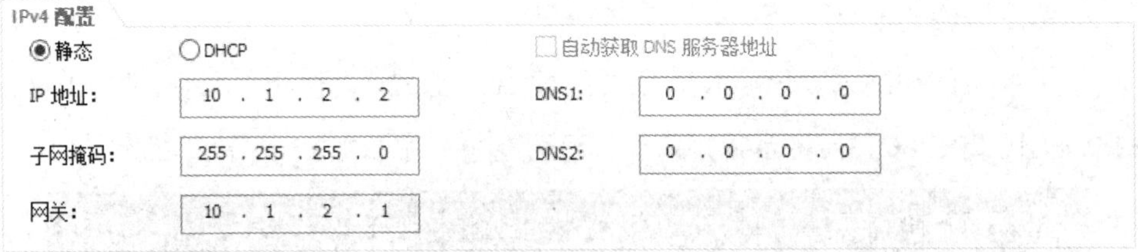

IPv4 配置
◉静态　○DHCP　□自动获取 DNS 服务器地址
IP 地址: 10 . 1 . 2 . 2　DNS1: 0 . 0 . 0 . 0
子网掩码: 255 . 255 . 255 . 0　DNS2: 0 . 0 . 0 . 0
网关: 10 . 1 . 2 . 1

图 4.2.7　PC2 的 IP 地址配置

（3）配置路由协议。

在 R1 和 R2 上配置路由协议，可以选择任意路由协议，此处使用的是静态路由。

```
[R1]ip route-static 10.1.2.0 24 192.168.12.2

[R2]ip route-static 10.1.1.0 24 192.168.12.1
```

（4）测试网络连通性。

此时路由器 R1 和 R2 上已经配置了静态路由，因此各主机及路由器接口之间能够相互通信。在 PC1 上 ping PC2，主机之间可以相互访问，结果如图 4.2.8 所示。

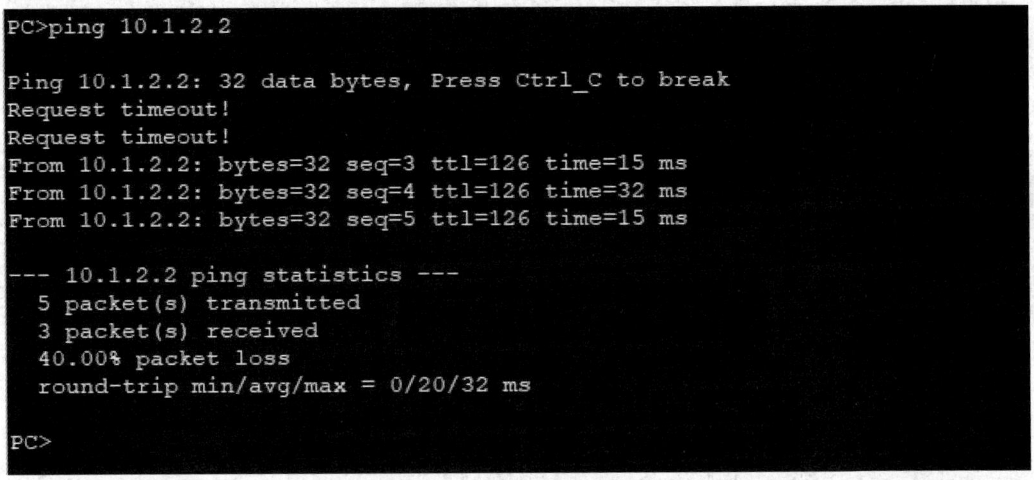

```
PC>ping 10.1.2.2

Ping 10.1.2.2: 32 data bytes, Press Ctrl_C to break
Request timeout!
Request timeout!
From 10.1.2.2: bytes=32 seq=3 ttl=126 time=15 ms
From 10.1.2.2: bytes=32 seq=4 ttl=126 time=32 ms
From 10.1.2.2: bytes=32 seq=5 ttl=126 time=15 ms

--- 10.1.2.2 ping statistics ---
  5 packet(s) transmitted
  3 packet(s) received
  40.00% packet loss
  round-trip min/avg/max = 0/20/32 ms

PC>
```

图 4.2.8　PC1 和 PC2 的连通性测试结果

（5）配置高级访问控制列表。

该访问控制列表匹配 PC1 所在的源网段 10.1.1.0/24 和 PC2 所在的目标网段 10.1.2.0/24，拒绝两个网段的数据包通信。

```
[R1]acl 3000
[R1-acl-adv-3000]rule deny ip destination 10.1.2.0 0.0.0.255 source 10.1.1.0
0.0.0.255
```

（6）调用高级访问控制列表。

```
[R1]interface GigabitEthernet 0/0/0
[R1-GigabitEthernet0/0/0]traffic-filter inbound acl 3000
```

（7）测试网络连通性。

由于高级访问控制列表拒绝 PC1 所在网段 10.1.1.0/24 去往 PC2 所在网段 10.1.2.0/24 的数据包，因此在 PC1 上 ping PC2，显示无法连通，如图 4.2.9 所示。

```
PC>ping 10.1.2.2

Ping 10.1.2.2: 32 data bytes, Press Ctrl_C to break
Request timeout!
Request timeout!
Request timeout!
Request timeout!
Request timeout!

--- 10.1.2.2 ping statistics ---
  5 packet(s) transmitted
  0 packet(s) received
  100.00% packet loss
```

图 4.2.9　PC1 的数据包无法到达 PC2

思维拓展

1．如何使用扩展访问控制列表禁止 ping 包通过？

2．如何选择配置扩展访问控制列表的接口？

实验 3：动态主机配置协议

动态主机配置协议（Dynamic Host Configuration Protocol，DHCP），是网络中常用的一种用于自动分配主机 IP 地址的技术，可以很大程度地减少网络管理员的工作量，在园区型网络中被广泛应用。通常情况下，我们使用全局 DHCP 的配置方法进行 IP 地址分配，华为设备中还可以使用接口 DHCP 配置网关所在的网段。如果 DHCP 服务器和需要分配 IP 地址的主机不在同一个网段，就需要借助 DHCP 中继，将 DHCP 的广播信息转换为单播信息来处理。

实验目的

（1）了解 DHCP 协议的工作原理；

（2）掌握 DHCP 的基本配置。

实验设备

路由器　　　　　　2 台

主机　　　　　　　2 台

交叉线　　　　　　3 根

实验拓扑

本实验的网络拓扑如图 4.3.1 所示。使用交叉线连接路由器 R1 和 R2、主机 PC1 和路由器 R1、主机 PC2 和路由器 R2。网络拓扑中各设备接口的 IP 地址配置如表 4.3.1 所示。

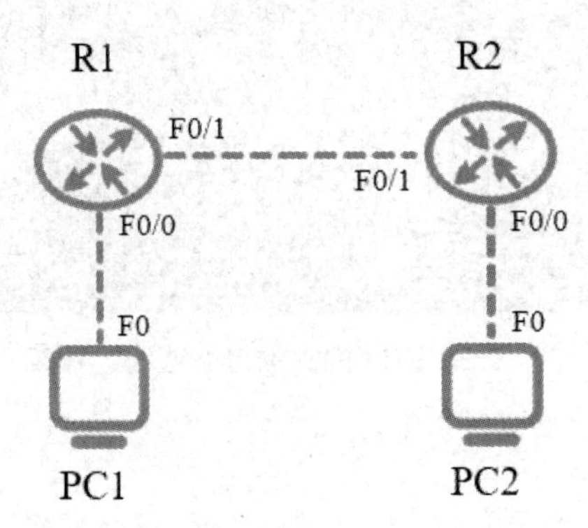

图 4.3.1　网络拓扑

表 4.3.1　各设备接口的 IP 地址配置

设备名称	接口编号	IP 地址	网关地址
R1	F0/0	10.1.1.1/24	/
	F0/1	192.168.12.1/24	/
R2	F0/0	10.1.2.1/24	/
	F0/1	192.168.12.2/24	/
PC1	F0	DHCP 获取	DHCP 获取
PC2	F0	DHCP 获取	DHCP 获取

实验说明

首先，配置路由协议，使整个网络连通。然后，在 R1 上配置 DHCP 服务，PC1 可以直接使用 DHCP 服务获取 IP 地址，而 PC2 和 DHCP 服务器不在同一个网段，因此需要使用 DHCP 中继来获取对应网段的 IP 地址。

命令描述

围绕实验目的，基于思科和华为平台，分别对实验中涉及的命令进行详细解释。思科平台的命令如表 4.3.2 所示，华为平台的命令如表 4.3.3 所示。

表 4.3.2　思科平台的命令

序号	命令	说明
1	**ip dhcp pool** pool-name 例如：ip dhcp pool cisco	创建 DHCP 地址池。其中，pool-name 为 DHCP 地址池名称
2	**network** net-num net-mask 例如：network 10.1.1.0 255.255. 255.0	通告 DHCP 分配的地址段及子网掩码。其中，net-num 为需要通告的网络号；net-mask 为通告网段的子网掩码
3	**default-router** ip-add 例如：default-router 10.1.1.1	指定主机获取的网关地址。其中，ip-add 为网关路由器地址
4	**dns-server** ip-add 例如：dns-server 221.228.255.1	指定主机获取的 DNS 服务器地址。其中，ip-add 为 DNS 服务器地址
5	**ip helper-address** ip-add 例如：ip helper-address 192.168. 12.1	通过中继方式指定 DHCP 服务器地址。其中，ip-add 为 DHCP 服务器地址
6	**show ip dhcp binding**	查看接口地址的 DHCP 绑定状态，包括 IP 地址、MAC 地址、租赁时间等信息

表 4.3.3　华为平台的命令

序号	命令	说明
1	**dhcp enable**	开启 DHCP 功能
2	**dhcp select interface**	选择 DHCP 接口模式
3	**dhcp server dns-list** ip-add 例如：dhcp server dns-list 221.228.255.1	在接口模式下设置 DNS 服务器地址。其中，ip-add 为 DNS 服务器地址
4	**ip pool** pool-name 例如：ip pool Huawei	创建 DHCP 地址池。其中，pool-name 为 DHCP 地址池名称
5	**network** net-num **mask** net-mask 例如：network 10.1.1.0 mask 255.255.255.0	通告 DHCP 分配的地址段及掩码。其中，net-num 为需要通告的网络号；net-mask 为通告网段的掩码
6	**gateway-list** ip-add 例如：gateway-list 10.1.1.1	指定主机获取的网关地址。其中，ip-add 为网关路由器地址
7	**dns-list** ip-add 例如：dns-list 221.228.255.1	指定主机获取的 DNS 服务器地址。其中，ip-add 为 DNS 服务器地址
8	**dhcp select relay**	选择 DHCP 中继模式
9	**dhcp relay server-ip** ip-add 例如：dhcp relay server-ip 192.168.12.1	通过中继方式指定 DHCP 服务器地址。其中，ip-add 为 DHCP 服务器地址
10	**dhcp select global**	选择 DHCP 全局模式
11	**display ip pool name** pool-name **used** 例如：display ip pool name huawei used	查看 DHCP 地址分配状态。其中，pool-name 为 DHCP 地址池名称

配置实例

1．思科平台

（1）配置各路由器接口的 IP 地址。

```
R1(config)#interface fastEthernet 0/0
R1(config-if)#ip address 10.1.1.1 255.255.255.0
R1(config-if)#no shutdown
R1(config-if)#exit
R1(config)#interface fastEthernet 0/1
R1(config-if)#ip address 192.168.12.1 255.255.255.0
R1(config-if)#no shutdown
R1(config-if)#exit

R2(config)#interface fastEthernet 0/0
R2(config-if)#ip address 10.1.2.1 255.255.255.0
R2(config-if)#no shutdown
R2(config-if)#exit
R2(config)#interface fastEthernet 0/1
R2(config-if)#ip address 192.168.12.2 255.255.255.0
R2(config-if)#no shutdown
```

（2）配置路由协议。

在 R1 和 R2 上配置路由协议，可以选择任意路由协议，此处使用的是静态路由。

```
R1(config)#ip route 10.1.2.0 255.255.255.0 192.168.12.2

R2(config)#ip route 10.1.1.0 255.255.255.0 192.168.12.1
```

（3）配置主机 PC1 所在网段的 DHCP 服务。

```
R1(config)#ip dhcp pool cisco
R1(dhcp-config)#network 10.1.1.0 255.255.255.0
R1(dhcp-config)#default-router 10.1.1.1
R1(dhcp-config)#dns-server 221.228.255.1
```

（4）获取 IP 地址。

打开主机 PC1 的“IP Configuration”对话框，选中“DHCP”单选按钮，获取 IP 地址、子网掩码、网关地址和 DNS 地址，如图 4.3.2 所示。

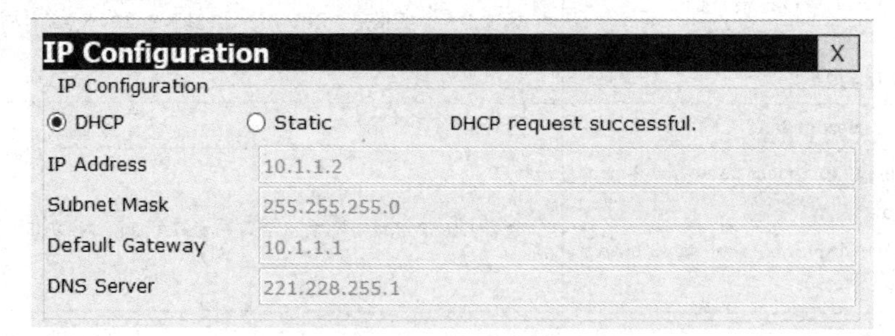

图 4.3.2 PC1 通过 DHCP 获取 IP 地址

（5）配置主机 PC2 所在网段的 DHCP 服务。

```
R1(config)#ip dhcp pool cisco2
R1(dhcp-config)#network 10.1.2.0 255.255.255.0
R1(dhcp-config)#default-router 10.1.2.1
R1(dhcp-config)#dns-server 221.228.255.1
```

（6）配置 DHCP 中继。将路由器 R2 作为中继设备，并在接口下指定 DHCP 服务器地址。

```
R2(config)#interface fastEthernet 0/0
R2(config-if)#ip helper-address 192.168.12.1
```

（7）获取 IP 地址。

打开主机 PC2 的“IP Configuration”对话框，选中“DHCP”单选按钮，获取 IP 地址、子网掩码、网关地址和 DNS 地址，如图 4.3.3 所示。

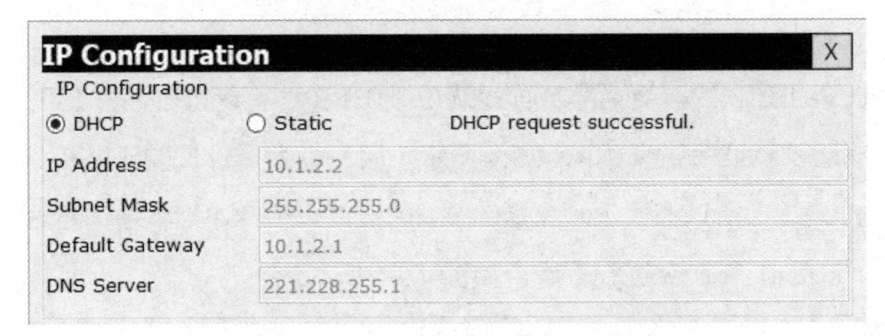

图 4.3.3　PC2 通过 DHCP 获取 IP 地址

2. 华为平台

（1）配置各路由器接口的 IP 地址。

```
[R1]interface GigabitEthernet 0/0/0
[R1-GigabitEthernet0/0/0]ip address 10.1.1.1 24
[R1-GigabitEthernet0/0/0]quit
[R1]interface GigabitEthernet 0/0/1
[R1-GigabitEthernet0/0/1]ip address 192.168.12.1 24
[R1-GigabitEthernet0/0/1]quit

[R2]interface GigabitEthernet 0/0/0
[R2-GigabitEthernet0/0/0]ip address 10.1.2.1 24
[R2-GigabitEthernet0/0/0]quit
[R2]interface GigabitEthernet 0/0/1
[R2-GigabitEthernet0/0/1]ip address 192.168.12.2 24
[R2-GigabitEthernet0/0/1]quit
```

（2）配置路由协议。

在 R1 和 R2 上配置路由协议，可以选择任意路由协议，此处使用的是静态路由。

```
[R1]ip route-static 10.1.2.0 24 192.168.12.2

[R2]ip route-static 10.1.1.0 24 192.168.12.1
```

（3）配置主机 PC1 所在网段的 DHCP 服务，华为平台中有以下两种配置方法。

方法一：配置接口 DHCP。

```
[R1]dhcp enable
[R1-GigabitEthernet0/0/0]dhcp select interface
[R1-GigabitEthernet0/0/0]dhcp server dns-list 221.228.255.1
```

方法二：配置全局 DHCP。

```
[R1]dhcp enable
[R1]ip pool huawei
[R1-ip-pool-huawei]network 10.1.1.0 mask 255.255.255.0
[R1-ip-pool-huawei]gateway-list 10.1.1.1
[R1-ip-pool-huawei]dns-list 221.228.255.1
[R1-GigabitEthernet0/0/0]dhcp select global
```

（4）获取 IP 地址。

打开主机 PC1 的“IPv4 配置”界面，选中“DHCP”单选按钮，获取 IP 地址、子网掩码、网关地址和 DNS 地址，如图 4.3.4 所示。因为华为平台只能使用命令行方式查看自动获取的 IP 地址，所以在“IPv4 配置”界面中选中“DHCP”单选按钮后，在命令行界面中输入“ipconfig”命令进行查看，如图 4.3.5 所示。

图 4.3.4 选中“DHCP”单选按钮

```
PC>ipconfig

Link local IPv6 address...........: fe80::5689:98ff:fe27:60fd
IPv6 address......................: :: / 128
IPv6 gateway......................: ::
IPv4 address......................: 10.1.1.254
Subnet mask.......................: 255.255.255.0
Gateway...........................: 10.1.1.1
Physical address..................: 54-89-98-27-60-FD
DNS server........................: 221.228.255.1
```

图 4.3.5 PC1 通过 DHCP 服务获取的 IP 地址

（5）配置主机 PC2 所在网段的 DHCP 服务。

```
[R1]dhcp enable
[R1]ip pool huawei2
[R1-ip-pool-huawei2]network 10.1.2.0 mask 255.255.255.0
[R1-ip-pool-huawei2]gateway-list 10.1.2.1
[R1-ip-pool-huawei2]dns-list 221.228.255.1
```

（6）配置 DHCP 中继。将路由器 R2 作为 DHCP 中继设备，并在接口下启动 DHCP

中继功能，指定 DHCP 服务器地址。

```
[R2]dhcp enable
[R2]interface GigabitEthernet 0/0/0
[R2-GigabitEthernet0/0/0]dhcp select relay
[R2-GigabitEthernet0/0/0]dhcp relay server-ip 192.168.12.1

[R1]interface GigabitEthernet 0/0/1
[R1-GigabitEthernet0/0/1]dhcp select global
```

（7）获取 IP 地址。

打开主机 PC2 的“IPv4 配置”界面，选中“DHCP”单选按钮，获取 IP 地址、子网掩码、网关地址和 DNS 地址，如图 4.3.6 所示。在命令行界面中输入“ipconfig”命令进行查看，如图 4.3.7 所示。

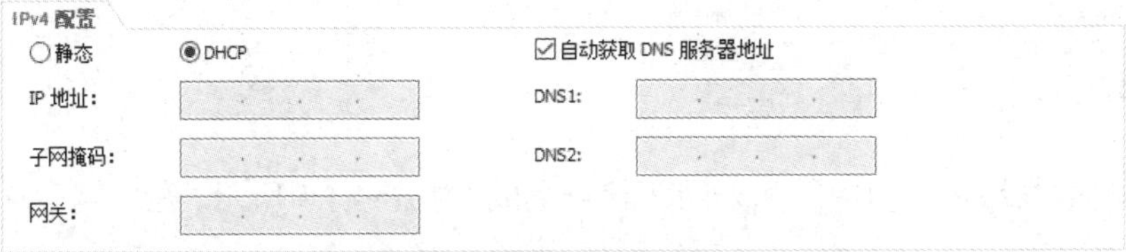

IPv4 配置
○静态　◉DHCP　☑自动获取 DNS 服务器地址
IP 地址：　DNS1：
子网掩码：　DNS2：
网关：

图 4.3.6　选中“DHCP”单选按钮

```
PC>ipconfig

Link local IPv6 address...........: fe80::5689:98ff:feed:7631
IPv6 address......................: :: / 128
IPv6 gateway......................: ::
IPv4 address......................: 10.1.2.254
Subnet mask.......................: 255.255.255.0
Gateway...........................: 10.1.2.1
Physical address..................: 54-89-98-ED-76-31
DNS server........................: 221.228.255.1
```

图 4.3.7　PC2 通过 DHCP 服务获取的 IP 地址

思维拓展

1. 为什么要使用 DHCP 中继？
2. 华为设备中的全局 DHCP 和接口 DHCP 有什么区别？

实验 4：网络地址转换

在 IPv4 地址不足的情况下，可以使用网络地址转换来缓解地址紧缺的问题。此外，网络地址转换还可以解决地址重叠的问题，实现负载均衡、隐藏内部网络等功能，是用户接入互联网的常用技术。网络地址转换可以分为静态 NAT、地址池 NAT、端口 NAT、Easy IP 等多种方式。

实验目的

（1）了解 NAT 的工作原理；

（2）掌握 NAT 的基本配置。

实验设备

路由器	2 台
主机	2 台
服务器	2 台
交叉线	2 根
直通线	4 根

实验拓扑

本实验的网络拓扑由内网和外网两部分组成，如图 4.4.1 所示。在内网中使用直通线将主机 PC1、PC2 和服务器 server2 连接至交换机 SW，使用直通线连接交换机 SW 和路由器 GW。在外网中使用交叉线连接服务器 server1 和路由器 ISP。最后使用交叉线连接路由器 GW 和 ISP。网络拓扑中各设备接口的 IP 地址配置如表 4.4.1 所示。

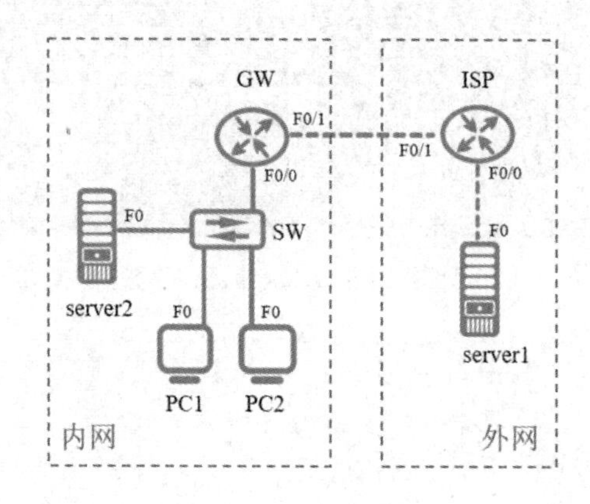

图 4.4.1 网络拓扑

表 4.4.1 各设备接口的 IP 地址配置

设备名称	接口编号	IP 地址	网关地址
GW	F0/0	10.1.1.1/24	/
	F0/1	192.168.12.1/24	/
ISP	F0/0	10.1.2.1/24	/
	F0/1	192.168.12.2/24	/

续表

设备名称	接口编号	IP 地址	网关地址
PC1	F0	10.1.1.2/24	10.1.1.1
PC2	F0	10.1.1.3/24	10.1.1.1
server1	F0	10.1.2.2/24	10.1.2.1
server2	F0	10.1.1.100/24	10.1.1.1

实验说明

本实验使用路由器 GW、交换机 SW、主机 PC1 和 PC2 及服务器 server2 模拟内网网络，路由器 ISP 和服务器 server1 模拟外网网络。在路由器 GW 上配置 NAT，使主机 PC1 和 PC2 可以访问外网服务器 server1，内网服务器 server2 通过静态 NAT 连接外网。

命令描述

围绕实验目的，基于思科和华为平台，分别对实验中涉及的命令进行详细解释。思科平台的命令如表 4.4.2 所示，华为平台的命令如表 4.4.3 所示。

表 4.4.2　思科平台的命令

序号	命令	说明
1	**ip nat inside source list** list-num **interface** type slot/port **overload** 例如：ip nat inside source list 1 interface fastEthernet 0/1 overload	实现端口过载的 NAT。其中，list-num 为访问控制列表编号；type 为接口类型；slot 为插槽号；port 为接口号
2	**ip nat inside source static** local-IP-add global-IP-add 例如：ip nat inside source static 10.1.1.100 80 192.168.12.100	实现静态 NAT。其中，local-IP-add 为内部本地地址，即私网地址；global-IP-add 为内部全局地址，即公网地址
3	**ip nat inside**	指定内部接口
4	**ip nat outside**	指定外部接口
5	**show ip nat translations**	查看地址翻译状态

表 4.4.3　华为平台的命令

序号	命令	说明
1	**nat outbound** list-num 例如：nat outbound 2000	实现 EASY-IP 功能。其中，list-num 为访问控制列表编号
2	**nat static global** global-IP-add **inside** local-IP-add 例如：nat static global 192.168.12.100 inside 10.1.1.100	实现静态 NAT。其中，global-IP-add 为内部全局地址，即公网地址；local-IP-add 为内部本地地址，即私网地址
3	**display nat session all**	查看 NAT 会话信息

配置实例

1. 思科平台

（1）配置网关路由器 GW 的内网接口地址。

```
GW(config)#interface fastEthernet 0/0
GW(config-if)#ip address 10.1.1.1 255.255.255.0
GW(config-if)#no shutdown
```

（2）配置内网主机和服务器的 IP 地址。

分别打开主机 PC1 和 PC2 及服务器 server2 的"IP Configuration"对话框，配置主机和服务器的 IP 地址、子网掩码和网关地址，如图 4.4.2～图 4.4.4 所示。

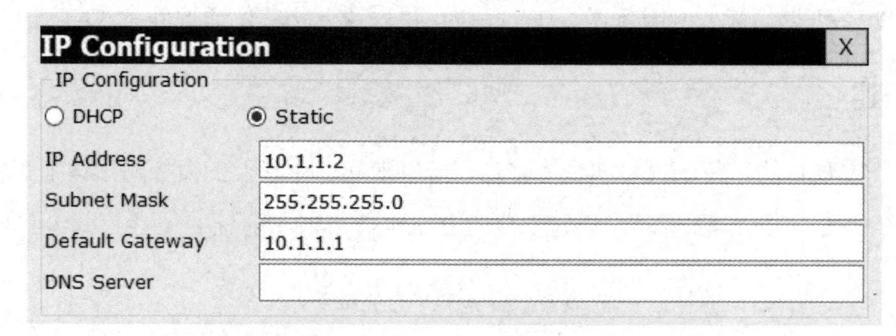

图 4.4.2　PC1 的 IP 地址配置

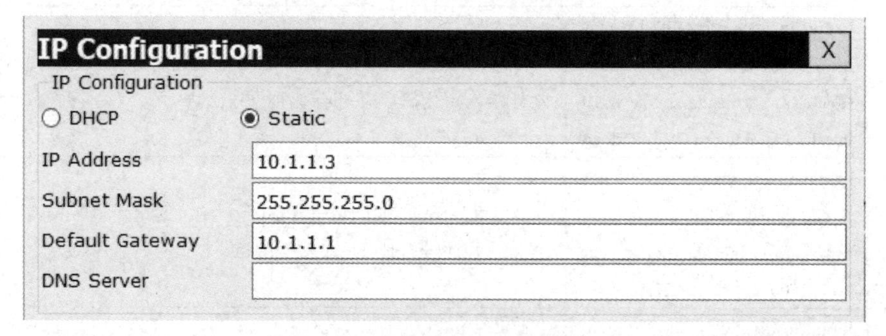

图 4.4.3　PC2 的 IP 地址配置

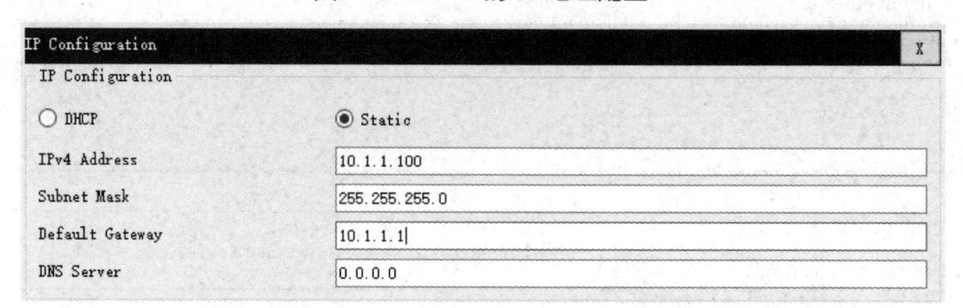

图 4.4.4　server2 的 IP 地址配置

（3）配置路由器 ISP 接口 F0/0 的 IP 地址，即 server1 的网关地址。

```
ISP(config)#interface fastEthernet 0/0
```

```
ISP(config-if)#ip address 10.1.2.1 255.255.255.0
ISP(config-if)#no shutdown
```

（4）配置外网服务器 server1 的 IP 地址。

打开服务器 server1 的“IP Configuration”对话框，配置服务器的 IP 地址、子网掩码和网关地址，如图 4.4.5 所示。

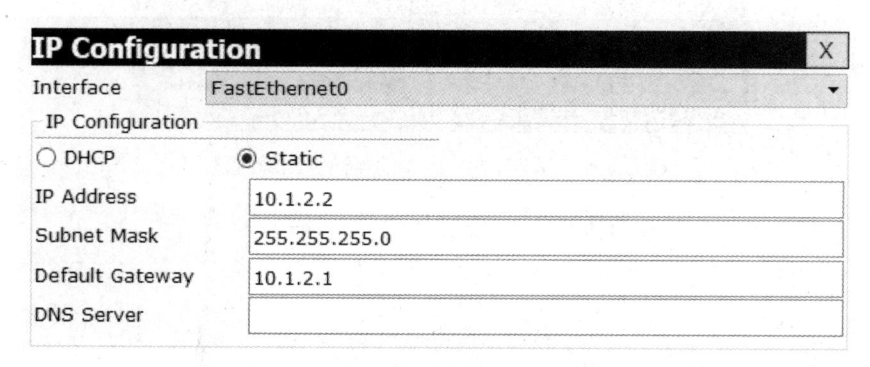

图 4.4.5　server1 的 IP 地址配置

（5）配置网关路由器 GW 和 ISP 连接的接口的地址。

```
GW(config)#interface fastEthernet 0/1
GW(config-if)#ip address 192.168.12.1 255.255.255.0
GW(config-if)#no shutdown

ISP(config)#interface fastEthernet 0/1
ISP(config-if)#ip address 192.168.12.2 255.255.255.0
ISP(config-if)#no shutdown
```

（6）在网关路由器 GW 上配置 NAT。

```
GW(config)#access-list 1 permit 10.1.1.0 0.0.0.255
GW(config)#ip nat inside source list 1 interface fastEthernet 0/1 overload
GW(config)#interface fastEthernet 0/0
GW(config-if)#ip nat inside
GW(config-if)#exit
GW(config)#interface fastEthernet 0/1
GW(config-if)#ip nat outside
```

（7）在网关路由器 GW 上设置默认路由，将内网数据包转发给下一跳路由器，从而访问互联网。

```
GW(config)#ip route 0.0.0.0 0.0.0.0 192.168.12.2
```

（8）测试内外网连通性。

在 PC1 或 PC2 上 ping 外网服务器 server1，显示可以访问，结果如图 4.4.6 所示。

```
PC>ping 10.1.2.2

Pinging 10.1.2.2 with 32 bytes of data:

Reply from 10.1.2.2: bytes=32 time=0ms TTL=126
Reply from 10.1.2.2: bytes=32 time=0ms TTL=126
Reply from 10.1.2.2: bytes=32 time=0ms TTL=126
Reply from 10.1.2.2: bytes=32 time=6ms TTL=126

Ping statistics for 10.1.2.2:
    Packets: Sent = 4, Received = 4, Lost = 0 (0%
loss),
Approximate round trip times in milli-seconds:
    Minimum = 0ms, Maximum = 6ms, Average = 1ms
```

图 4.4.6　主机和 Server1 的连通性测试结果

（9）在网关路由器 GW 上配置内网服务器 server2 的静态 NAT。

```
GW(config)#ip nat inside source static 10.1.1.100 80 192.168.12.100
```

（10）从外网访问内网服务器 server2。

单击外网服务器 server1 图标，选择“Desktop”→“Web Browser”选项，如图 4.4.7 所示，打开 Web 浏览器。输入内网服务器 server2 的公网地址 192.168.12.100，显示 Web 页面表示访问成功，如图 4.4.8 所示。

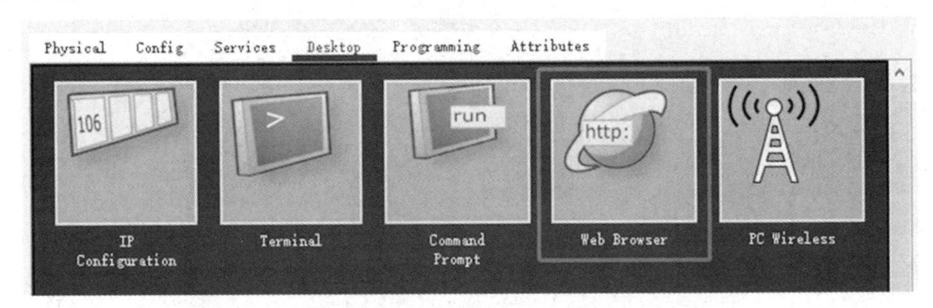

图 4.4.7　选择“Desktop”→“Web Browser”选项

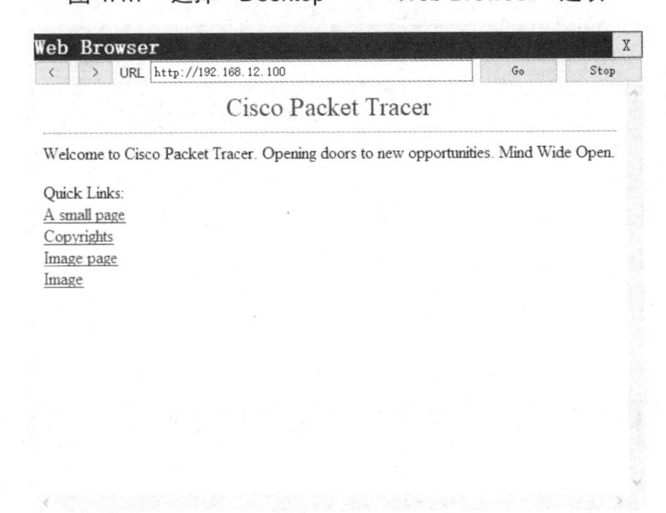

图 4. 4. 8　Web 页面

2．华为平台

（1）配置网关路由器 GW 内网接口的地址。

```
[GW]interface GigabitEthernet 0/0/0
[GW-GigabitEthernet0/0/0]ip address 10.1.1.1 24
```

（2）配置内网主机和服务器的 IP 地址。

分别打开主机 PC1 和 PC2 及服务器 server2 的“IPv4 配置”界面，配置主机和服务器的 IP 地址、子网掩码和网关地址，如图 4.4.9～图 4.4.11 所示。

图 4.4.9　PC1 的 IP 地址配置

图 4.4.10　PC2 的 IP 地址配置

IPv4配置

本机地址: 10 . 1 . 1 . 100　子网掩码: 255 . 255 . 255 . 0

网关: 10 . 1 . 1 . 1　域名服务器: 0 . 0 . 0 . 0

图 4.4.11　server2 的 IP 地址配置

（3）配置路由器 ISP 接口 F0/0 的 IP 地址，即 server1 的网关地址。

```
[ISP]interface GigabitEthernet 0/0/0
[ISP-GigabitEthernet0/0/0]ip address 10.1.2.1 24
```

（4）配置外网服务器 server1 的 IP 地址。

打开服务器 server1 的“IPv4 配置”界面，配置服务器的 IP 地址、子网掩码和网关地址，如图 4.4.12 所示。

IPV4配置

本机地址: 10 . 1 . 2 . 2　子网掩码: 255 . 255 . 255 . 0

网关: 10 . 1 . 2 . 1　域名服务器: 0 . 0 . 0 . 0

图 4.4.12　server1 的 IP 地址配置

（5）配置网关路由器 GW 和 ISP 连接的接口的 IP 地址。

```
[GW]interface GigabitEthernet 0/0/1
[GW-GigabitEthernet0/0/1]ip address 192.168.12.1 24

[ISP]interface GigabitEthernet 0/0/1
[ISP-GigabitEthernet0/0/1]ip address 192.168.12.2 24
```

（6）在网关路由器 GW 上配置 Easy IP。

```
[GW]acl 2000
[GW-acl-basic-2000]rule permit source 10.1.1.0 0.0.0.255
[GW]interface GigabitEthernet 0/0/1
[GW-GigabitEthernet0/0/1]nat outbound 2000
```

（7）在网关路由器 GW 上设置默认路由，将内网数据包转发给下一跳路由器，从而访问互联网。

```
[GW]ip route-static 0.0.0.0 0 192.168.12.2
```

（8）测试内外网连通性。

在 PC1 或 PC2 上 ping 外网服务器 server1，显示可以访问，如图 4.4.13 所示。

```
PC>ping 10.1.2.2

Ping 10.1.2.2: 32 data bytes, Press Ctrl_C to break
From 10.1.2.2: bytes=32 seq=1 ttl=253 time=16 ms
From 10.1.2.2: bytes=32 seq=2 ttl=253 time=31 ms
From 10.1.2.2: bytes=32 seq=3 ttl=253 time=31 ms
From 10.1.2.2: bytes=32 seq=4 ttl=253 time=16 ms
From 10.1.2.2: bytes=32 seq=5 ttl=253 time=16 ms

--- 10.1.2.2 ping statistics ---
  5 packet(s) transmitted
  5 packet(s) received
  0.00% packet loss
  round-trip min/avg/max = 16/22/31 ms
```

图 4.4.13　主机和 server1 的连通性测试结果

（9）在网关路由器 GW 上配置内网服务器 server2 的静态 NAT。

```
[GW]interface GigabitEthernet 0/0/1
[GW-GigabitEthernet0/0/1]nat static global 192.168.12.100 inside 10.1.1.100
```

（10）从外网访问内网服务器 server2。

在外网服务器 server1 上使用“PING 测试”功能，输入内网服务器 server2 的公网地址 192.168.12.100，单击“发送”按钮，显示 ping 成功，如图 4.4.14 所示。

PING测试

目的IPv4:　192 . 168 . 12 . 100　次数:　5　发送

本机状态:　设备启动　ping 成功: 5　失败: 0

图 4.4.14　在 server1 上进行 PING 测试

思维拓展

1．如果使用地址池，则 NAT 该如何配置？

2．端口 NAT 是如何区分不同内网主机的？

实验 5：点到点协议

点到点协议（Point-to-Point Protocol，PPP）是一种常用的广域网链路封装协议，此外还有高级数据链路控制协议（High-Level Data Link Control，HDLC）、帧中继协议（Frame Relay，FR）等。点到点协议提供链路的认证功能，使广域网链路更加安全可靠，认证功能也是以太网上的点到点协议（Point-to-Point Protocol Over Ethernet，PPPOE）技术的核心功能之一。PPP 提供了密码认证协议（Password Authentication Protocol，PAP）和挑战握手身份认证协议（Challenge Handshake Authentication Protocol，CHAP）两种方式，一般情况下，我们选择更安全、更高效的 CHAP 认证方式。

实验目的

（1）了解 PPP 的工作原理；

（2）掌握 PPP 及 CHAP 认证的基本配置。

实验设备

路由器	2 台
串口线	1 根

实验拓扑

本实验的网络拓扑如图 4.5.1 所示。使用串口线连接路由器 R1 和 R2。网络拓扑中各设备接口的 IP 地址配置如表 4.5.1 所示。

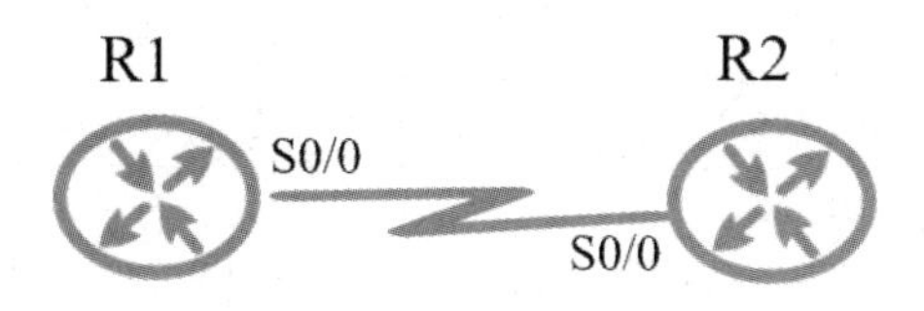

图 4.5.1　网络拓扑

表 4.5.1　各设备接口的 IP 地址配置

设备名称	接口编号	IP 地址	网关地址
R1	S0/0	192.168.12.1/24	/
R2	S0/0	192.168.12.2/24	/

实验说明

路由器 R1 与 R2 之间使用同步串口线或异步串口线连接，R1 作为 DCE 端，并封装为 PPP，开启 PPP 的 CHAP 认证。

命令描述

围绕实验目的，基于思科和华为平台，分别对实验中涉及的命令进行详细解释。思科平台的命令如表 4.5.2 所示，华为平台的命令如表 4.5.3 所示。

表 4.5.2　思科平台的命令

序号	命令	说明
1	**clock rate** number 例如：clock rate 64000	为同步串口线设置时钟频率。其中，number 为频率值，通常设置为 64000
2	**encapsulation ppp**	将接口设置为 PPP 封装
3	**username** name **password** key-string 例如：username R2 password cisco	在本地路由器上创建用户名和密码。其中，name 为对端路由器的设备名；key-string 为验证密钥
4	**ppp authentication chap**	在接口下开启 PPP 的 CHAP 认证
5	**show interfaces serial** slot/port 例如：show interfaces serial 0/1	查看接口信息。其中，slot 为插槽号；port 为接口号

表 4.5.3　华为平台的命令

序号	命令	说明
1	**aaa**	进入 AAA 配置模式。AAA 即表示认证（Authentication）、授权（Authorization）和计费（Accounting）3 种安全服务，是网络安全中进行访问控制的一种安全管理机制
2	**local-user** name **password cipher** key-string 例如：local-user huawei password cipher Huawei123	在本地创建用户并设置密码。其中，name 为新创建的用户名；key-string 为验证密钥
3	**local-user** name **service-type ppp** 例如：local-user huawei service-type ppp	为新创建的用户指定认证协议。其中，name 为新创建的用户名
4	**ppp authentication-mode chap**	将 PPP 的认证模式设置为 CHAP 认证
5	**ppp chap user** name 例如：ppp chap user huawei	调用 CHAP 认证用户名。其中，name 为新创建的用户名

续表

序号	命令	说明
6	**ppp chap password cipher** key-string 例如：ppp chap password cipher huawei123	设置新创建用户名的密码。其中，key-string 为验证密钥
7	**display interface serial** slot/port 例如：display interface serial 0/1	查看接口信息。其中，slot 为插槽号；port 为接口号

配置实例

1. 思科平台

（1）增加广域网模块。

在路由器的“Physical”界面中，先关闭电源，选择“WIC-2T”选项，将模块拖动到相应插槽，然后打开电源，如图 4.5.2 所示。

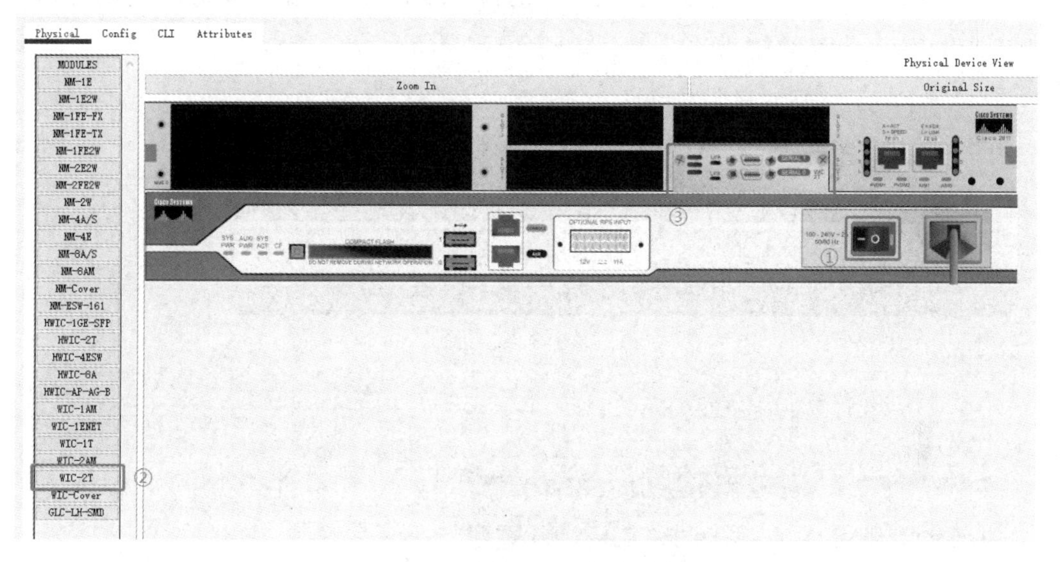

图 4.5.2　将模块拖动到相应插槽

（2）配置各路由器接口的 IP 地址。

```
R1(config)#interface serial 0/0/0
R1(config-if)#ip address 192.168.12.1 255.255.255.0
R1(config-if)#clock rate 64000
R1(config-if)#no shutdown

R2(config)#interface serial 0/0/0
R2(config-if)#ip address 192.168.12.2 255.255.255.0
R2(config-if)#no shutdown
```

（3）将路由器之间的接口封装为 PPP 协议。

```
R1(config)#interface serial 0/0/0
R1(config-if)#encapsulation ppp
```

```
R2(config)#interface serial 0/0/0
R2(config-if)#encapsulation ppp
```

（4）开启 PPP 的 CHAP 认证。

```
R1(config)#username R2 password cisco
R1(config)#interface serial 0/0/0
R1(config-if)#ppp authentication chap

R2(config)#username R1 password cisco
R2(config)#interface serial 0/0/0
R2(config-if)#ppp authentication chap
```

2. 华为平台

（1）增加广域网模块。

在路由器的设置界面中，先关闭电源，选择“2SA”模块，将模块拖动到相应插槽，然后打开电源，如图 4.5.3 所示。

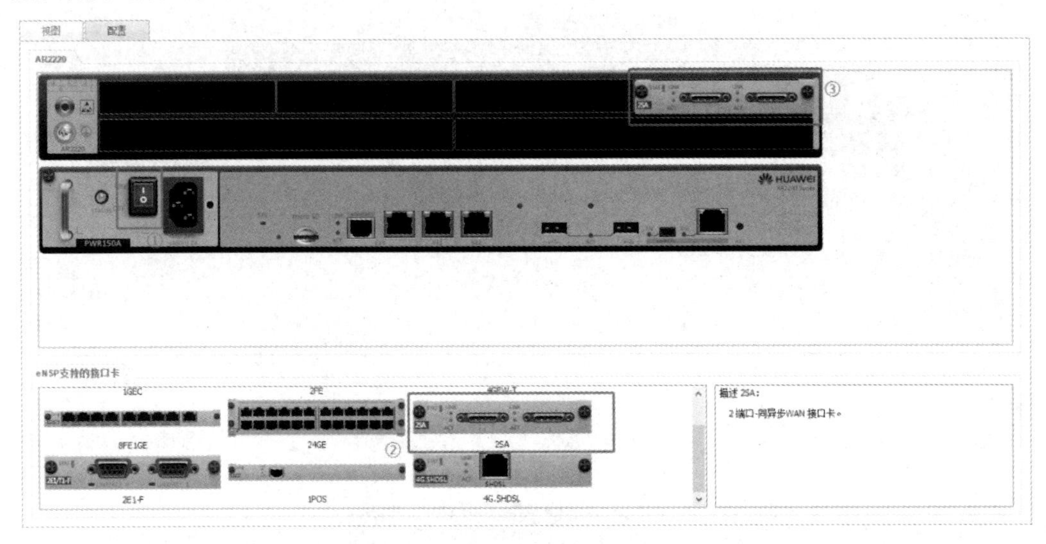

图 4.5.3　将模块拖动到相应插槽

（2）配置各路由器接口的 IP 地址。

```
[R1]interface Serial 1/0/0
[R1-Serial1/0/0]ip address 192.168.12.1 24

[R2]interface Serial 1/0/0
[R2-Serial1/0/0]ip address 192.168.12.2 24
```

（3）在 R1 上创建 CHAP 认证的用户名和密码。

```
[R1]aaa
[R1-aaa]local-user huawei password cipher huawei123
[R1-aaa]local-user huawei service-type ppp
```

```
[R1-Serial1/0/0]ppp authentication-mode chap
```

（4）在 R2 上配置对应的用户名和密码。

```
[R2]interface Serial 1/0/0
[R2-Serial1/0/0]ppp chap user huawei
[R2-Serial1/0/0]ppp chap password cipher huawei123
```

思维拓展

1．PAP 认证和 CHAP 认证有什么区别？为什么优先选择 CHAP 认证？

2．思科的 PPP 认证和华为的 PPP 认证有什么不同之处？

第五章 综合实训项目

根据实际工作需求，本章设计了两个实训项目来综合应用学习的网络技术，包括局域网综合实训和网络接入综合实训。其中，局域网综合实训主要涉及组建局域网的技术和方法，网络接入综合实训主要涉及小规模企业网络的设计与实施。读者可以将前几章的知识点综合应用到完整的项目中，在面对实际需求时更好地设计网络拓扑、配置节点设备、排除网络故障。

项目 1：局域网综合实训

局域网是一种非常重要的网络类型，是目前网络应用的主要形式之一，也是企业网络的基本构成部分。本项目构建一个典型的局域网网络，综合应用 VLAN、Trunk、STP 等技术，完成局域网的设计和组建，实现网络接入和数据交换。

实训目的

（1）掌握局域网的设计和组建；

（2）运用局域网的相关技术，实现网络接入和数据交换。

需求分析

某公司准备采购交换机，搭建公司内部局域网，用于数据交换。公司有两个部门，公司负责人希望两个部门可以独立运行，互不干扰。在不增加设备成本的情况下，能够尽可能保证网络的可靠性和带宽需求，充分利用每台设备转发数据，实现主机间互联互通。

根据以上背景描述，详细的需求分析如下。

（1）采购四台交换机，用来组建公司内部局域网，其中两台作为核心交换机，另外两台作为接入层交换机，用于主机接入。

（2）公司有两个部门，分别是处理企业内部事务的行政部和负责生产研发的技术部，两个部门之间互不干扰。但由于工作人员分布在不同楼层，需要利用 VLAN 技术进行灵活的划分。

（3）公司的数据流量较大，经常因为核心网络带宽不足导致网络拥塞，但公司负责人不愿意加大设备投入力度，因此需要在核心交换机之间使用链路聚合技术，以解决带宽问题。

（4）增加公司网络的可用性，不能因为链路问题导致网络通信故障。应使用多链路连接的冗余型结构，并且让流量都从核心设备转发，防止网络拥塞。同时，在条件允许的情况下进行分流，以提高效率。

（5）公司采购的核心交换机是三层交换机，具备基本的路由功能，可以实现不同子网之间的路由通信，完成主机之间的互联互通。

解决方案

（1）两台三层交换机 CORE1 和 CORE2 作为核心交换机，两台二层交换机 SW1 和 SW2 作为接入层交换机。

（2）交换机与交换机之间使用 Trunk 链路，并且在四台交换机上划分 vlan 10 和 vlan 20，PC1 和 PC3 属于 vlan 10，PC2 和 PC4 属于 vlan 20。

（3）在核心交换机直接配置链路聚合，分别将 CORE1 和 CORE2 的 F0/1 和 F0/2 接口加入聚合组。

（4）使用生成树协议，将 CORE1 作为 vlan 10 的主根、vlan 20 的备份根，将 CORE2 作为 vlan 20 的主根、vlan 10 的备份根。华为设备不支持每 vlan 生成树，只能设置一个主根和一个备份根，多实例生成树不在本书讲解范围内。

（5）在核心交换机上，使用路由功能，分别给 vlan 10 和 vlan 20 配置 VLAN 接口地址，作为主机的网关地址。

设备选型

三层交换机　2 台

二层交换机　2 台

主机　　　　4 台

交叉线　　6 根

直通线　　4 根

拓扑设计

本项目的网络拓扑如图 5.1.1 所示。使用两条交叉线连接核心交换机 CORE1 和 CORE2，使用交叉线将交换机 SW1 和 SW2 分别连接至 CORE1 和 CORE2，使用直通线将主机 PC1 和 PC2 连接至交换机 SW1，主机 PC3 和 PC4 连接至交换机 SW2。网络拓扑中各设备接口的 IP 地址配置如表 5.1.1 所示。

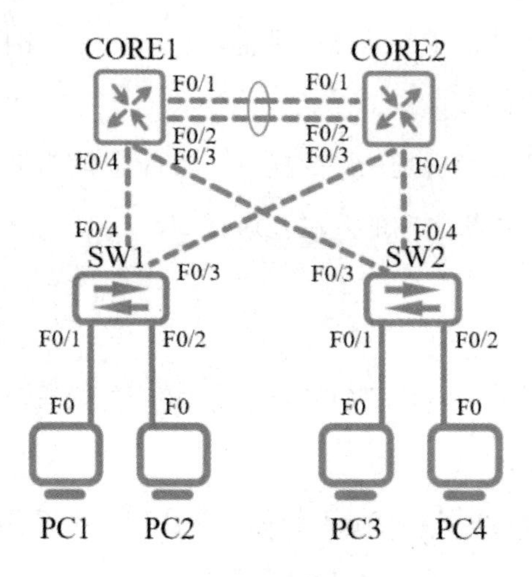

图 5.1.1　网络拓扑

表 5.1.1　各设备接口的 IP 地址配置

设备名称	接口编号	IP 地址	网关地址
CORE1	F0/1、F0/2	/	/
	逻辑接口 vlan 10	10.1.1.1/24	/
	逻辑接口 vlan 20	20.1.1.2/24	/
CORE2	F0/1、F0/2	/	/
	逻辑接口 vlan 10	10.1.1.2/24	/
	逻辑接口 vlan 20	20.1.1.1/24	/
PC1	F0	10.1.1.3/24	10.1.1.1/24
PC2	F0	20.1.1.3/24	20.1.1.1/24
PC3	F0	10.1.1.4/24	10.1.1.1/24
PC4	F0	20.1.1.4/24	20.1.1.1/24

配置实例

1. 思科平台

（1）在交换机上配置 VLAN 和 Trunk。

```
CORE1(config)#interface range fastEthernet 0/1-4
CORE1(config-if-range)#switchport trunk encapsulation dot1q
CORE1(config-if-range)#switchport mode trunk
CORE1(config)#vlan 10
CORE1(config)#vlan 20

CORE2(config)#interface range fastEthernet 0/1-4
CORE2(config-if-range)#switchport trunk encapsulation dot1q
CORE2(config-if-range)#switchport mode trunk
CORE2(config)#vlan 10
CORE2(config)#vlan 20

SW1(config)#interface range fastEthernet 0/3-4
SW1(config-if-range)#switchport mode trunk
SW1(config)#vlan 10
SW1(config)#vlan 20

SW2(config)#interface range fastEthernet 0/3-4
SW2(config-if-range)#switchport mode trunk
SW2(config)#vlan 10
SW2(config)#vlan 20
```

（2）在核心交换机 CORE1 和 CORE2 上配置链路聚合。

```
CORE1(config)#interface port-channel 1
CORE1(config)#interface range fastEthernet 0/1-2
CORE1(config-if-range)#channel-group 1 mode on

CORE2(config)#interface port-channel 1
CORE2(config)#interface range f0/1-2
CORE2(config-if-range)#channel-group 1 mode on
```

（3）将主机加入对应的 VLAN。

```
SW1(config)#interface f0/1
SW1(config-if)#switchport mode access
SW1(config-if)#switchport access vlan 10
SW1(config)#interface f0/2
SW1(config-if)#switchport mode access
SW1(config-if)#switchport access vlan 20

SW2(config)#interface fastEthernet 0/1
SW2(config-if)#switchport mode access
SW2(config-if)#switchport access vlan 10
SW2(config)#interface fastEthernet 0/2
```

```
SW2(config-if)#switchport mode access
SW2(config-if)#switchport access vlan 20
```

（4）修改生成树优先级，实现数据分流。

```
CORE1(config)#spanning-tree vlan 10 priority 4096
CORE1(config)#spanning-tree vlan 20 priority 8192

CORE2(config)#spanning-tree vlan 10 priority 8192
CORE2(config)#spanning-tree vlan 20 priority 4096
```

（5）配置三层交换机的 VLAN 间路由。

```
CORE1(config)#ip routing
CORE1(config)#interface vlan 10
CORE1(config-if)#ip address 10.1.1.1 255.255.255.0
CORE1(config)#interface vlan 20
CORE1(config-if)#ip address 20.1.1.2 255.255.255.0

CORE2(config)#ip routing
CORE2(config)#interface vlan 10
CORE2(config-if)#ip address 10.1.1.2 255.255.255.0
CORE2(config)#interface vlan 20
CORE2(config-if)#ip address 20.1.1.1 255.255.255.0
```

（6）配置主机的 IP 地址。

分别打开主机 PC1、PC2、PC3 和 PC4 的“IP Configuration”对话框，配置主机的 IP 地址、子网掩码和网关地址，如图 5.1.2～图 5.1.5 所示。

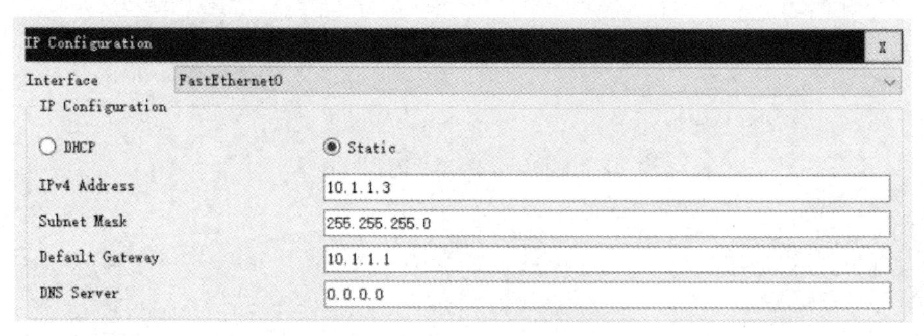

图 5.1.2　PC1 的 IP 地址配置

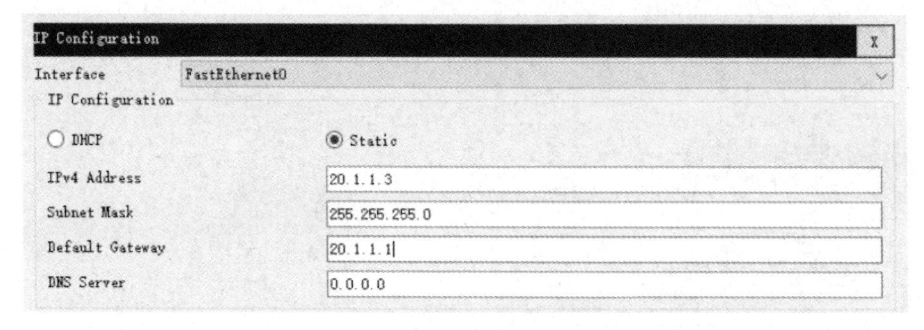

图 5.1.3　PC2 的 IP 地址配置

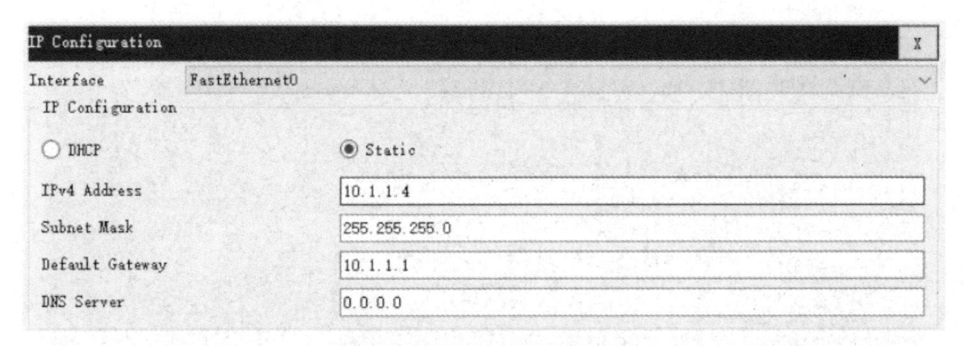

图 5.1.4 PC3 的 IP 地址配置

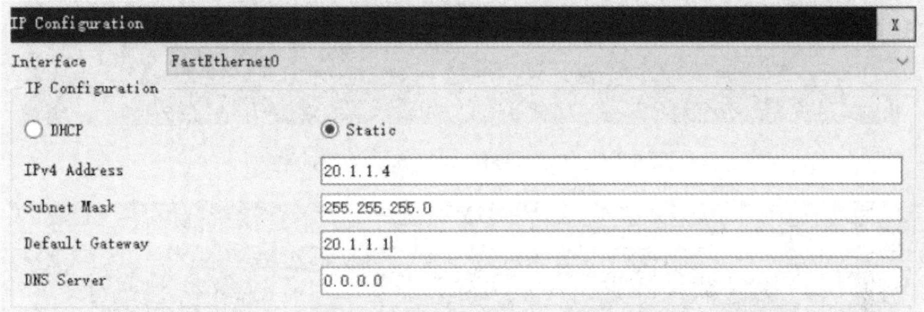

IP Configuration
Interface FastEthernet0
IP Configuration
DHCP
Static
IPv4 Address 20.1.1.4
Subnet Mask 255.255.255.0
Default Gateway 20.1.1.1
DNS Server 0.0.0.0

图 5.1.5 PC4 的 IP 地址配置

（7）测试主机的连通性。

在 PC1 上分别 ping PC2、PC3 和 PC4，显示可以连通，如图 5.1.6～图 5.1.8 所示。

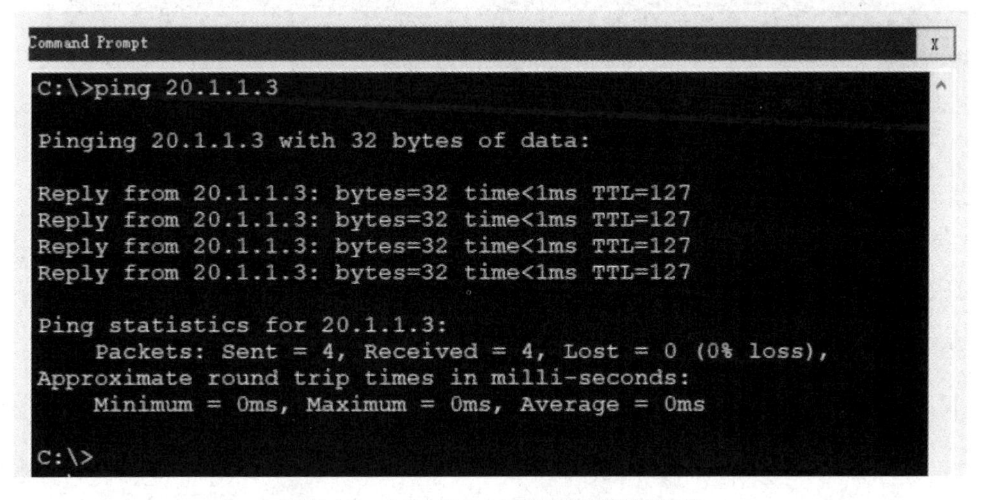

图 5.1.6 PC1 和 PC2 的连通性测试结果

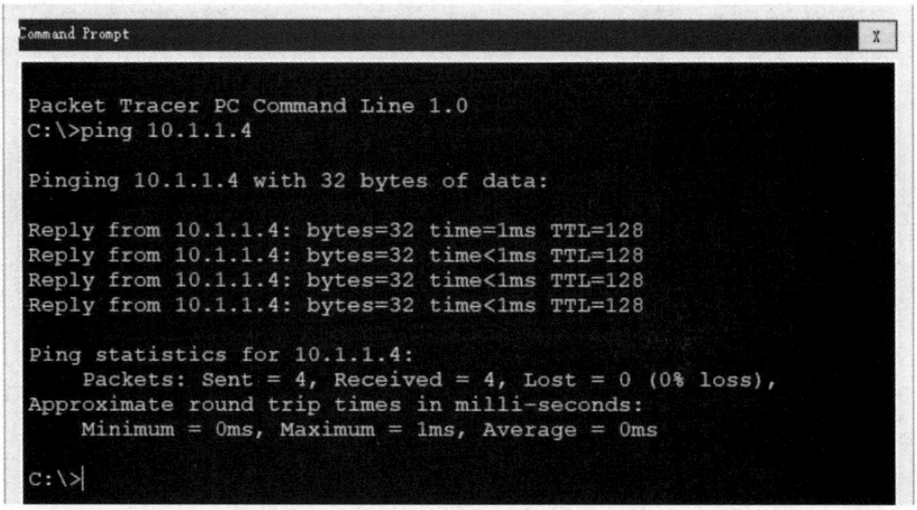

```
Command Prompt                                                     X

Packet Tracer PC Command Line 1.0
C:\>ping 10.1.1.4

Pinging 10.1.1.4 with 32 bytes of data:

Reply from 10.1.1.4: bytes=32 time=1ms TTL=128
Reply from 10.1.1.4: bytes=32 time<1ms TTL=128
Reply from 10.1.1.4: bytes=32 time<1ms TTL=128
Reply from 10.1.1.4: bytes=32 time<1ms TTL=128

Ping statistics for 10.1.1.4:
    Packets: Sent = 4, Received = 4, Lost = 0 (0% loss),
Approximate round trip times in milli-seconds:
    Minimum = 0ms, Maximum = 1ms, Average = 0ms

C:\>
```

图 5.1.7　PC1 和 PC3 的连通性测试结果

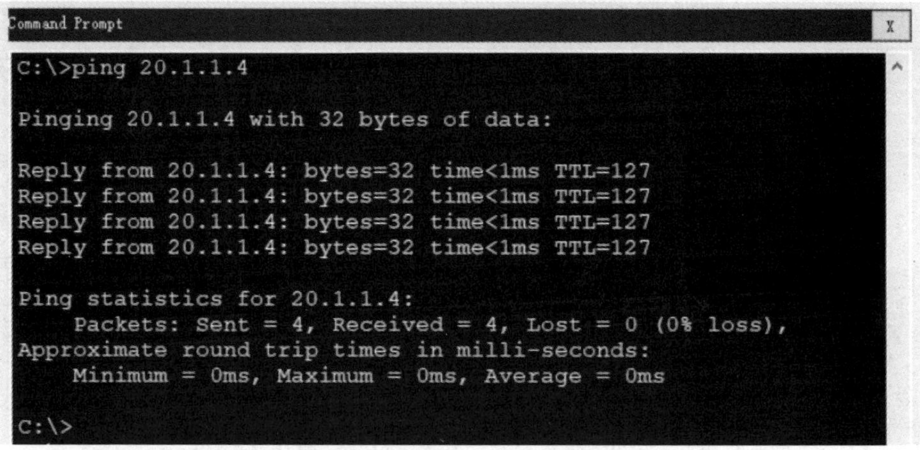

```
Command Prompt                                                     X
C:\>ping 20.1.1.4

Pinging 20.1.1.4 with 32 bytes of data:

Reply from 20.1.1.4: bytes=32 time<1ms TTL=127
Reply from 20.1.1.4: bytes=32 time<1ms TTL=127
Reply from 20.1.1.4: bytes=32 time<1ms TTL=127
Reply from 20.1.1.4: bytes=32 time<1ms TTL=127

Ping statistics for 20.1.1.4:
    Packets: Sent = 4, Received = 4, Lost = 0 (0% loss),
Approximate round trip times in milli-seconds:
    Minimum = 0ms, Maximum = 0ms, Average = 0ms

C:\>
```

图 5.1.8　PC1 和 PC4 的连通性测试结果

2. 华为平台

（1）在核心交换机 CORE1 和 CORE2 上配置链路聚合。

```
[CORE1]interface Eth-Trunk 1
[CORE1]interface GigabitEthernet 0/0/1
[CORE1-GigabitEthernet0/0/1]eth-trunk 1
[CORE1]interface GigabitEthernet 0/0/2
[CORE1-GigabitEthernet0/0/2]eth-trunk 1

[CORE2]interface Eth-Trunk 1
[CORE2]interface GigabitEthernet 0/0/1
[CORE2-GigabitEthernet0/0/1]eth-trunk 1
[CORE2]interface GigabitEthernet 0/0/2
[CORE2-GigabitEthernet0/0/2]eth-trunk 1
```

（2）在交换机上配置 VLAN 和 Trunk。

```
[CORE1]vlan batch 10 20
[CORE1]port-group group-member Eth-Trunk 1 GigabitEthernet 0/0/3
GigabitEthernet 0/0/4
[CORE1-port-group]port link-type trunk
[CORE1-port-group]port trunk allow-pass vlan 10 20

[CORE2]vlan batch 10 20
[CORE2]port-group group-member Eth-Trunk 1 GigabitEthernet 0/0/3
GigabitEthernet 0/0/4
[CORE2-port-group]port link-type trunk
[CORE2-port-group]port trunk allow-pass vlan 10 20

[SW1]vlan batch 10 20
[SW1]port-group group-member Ethernet 0/0/3 to Ethernet 0/0/4
[SW1-port-group]port link-type trunk
[SW1-port-group]port trunk allow-pass vlan 10 20

[SW2]vlan batch 10 20
[SW2]port-group group-member Ethernet 0/0/3 to Ethernet 0/0/4
[SW2-port-group]port link-type trunk
[SW2-port-group]port trunk allow-pass vlan 10 20
```

（3）将主机加入对应的 VLAN。

```
[SW1]interface Ethernet 0/0/1
[SW1-Ethernet0/0/1]port link-type access
[SW1-Ethernet0/0/1]port default vlan 10
[SW1]interface Ethernet 0/0/2
[SW1-Ethernet0/0/2]port link-type access
[SW1-Ethernet0/0/2]port default vlan 20

[SW2]interface Ethernet 0/0/1
[SW2-Ethernet0/0/1]port link-type access
[SW2-Ethernet0/0/1]port default vlan 10
[SW2]interface Ethernet 0/0/2
[SW2-Ethernet0/0/2]port link-type access
[SW2-Ethernet0/0/2]port default vlan 20
```

（4）修改生成树优先级。

```
[CORE1]stp priority 4096

[CORE2]stp priority 8192
```

（5）配置三层交换机的 VLAN 间路由。

```
[CORE1]interface Vlanif 10
[CORE1-Vlanif10]ip address 10.1.1.1 24
[CORE1]interface Vlanif 20
[CORE1-Vlanif20]ip address 20.1.1.2 24
```

```
[CORE2]interface Vlanif 10
[CORE2-Vlanif10]ip address 10.1.1.2 24
[CORE2]interface Vlanif 10
[CORE2-Vlanif10]ip address 10.1.1.2 24
```

（6）配置主机的 IP 地址。

分别打开主机 PC1、PC2、PC3 和 PC4 的“IPv4 配置”界面，配置主机的 IP 地址、子网掩码和网关地址，如图 5.1.9～图 5.1.12 所示。

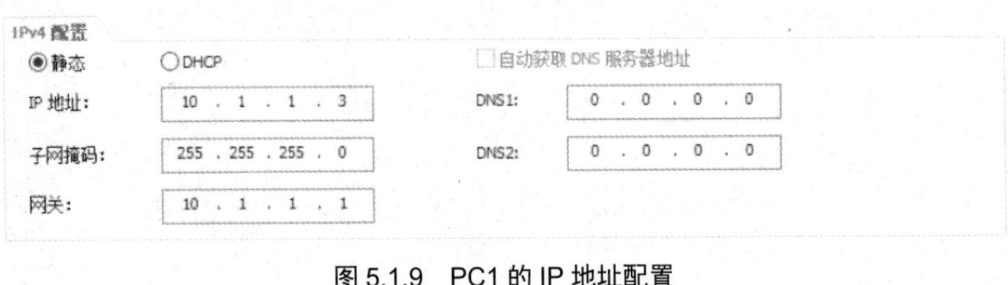

图 5.1.9 PC1 的 IP 地址配置

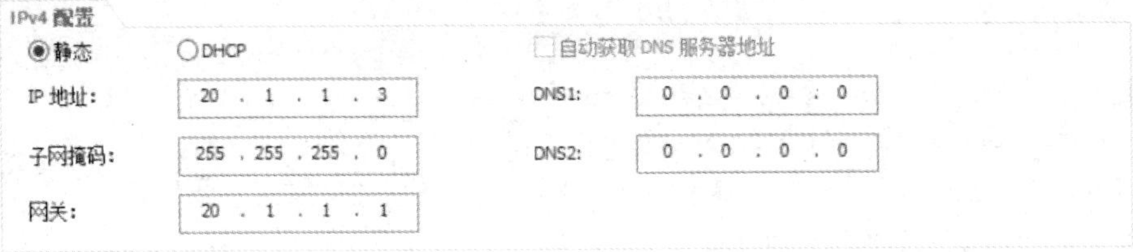

图 5.1.10 PC2 的 IP 地址配置

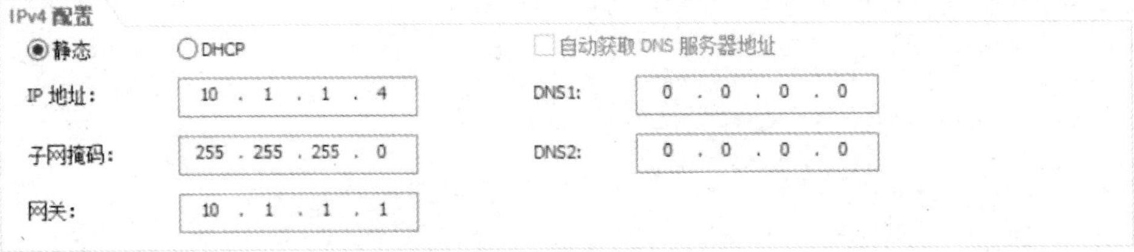

图 5.1.11 PC3 的 IP 地址配置

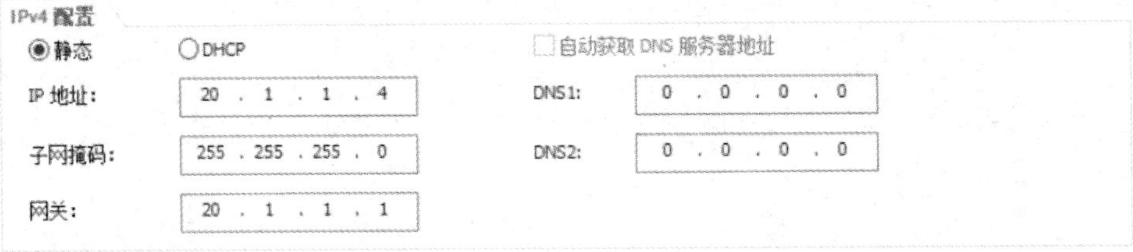

图 5.1.12 PC4 的 IP 地址配置

（7）测试主机的连通性。

在 PC1 上分别 ping PC2、PC3、PC4，显示可以连通，如图 5.1.13～图 5.1.15 所示。

```
PC1
基础配置 命令行 组播 UDP发包工具 串口
PC>ping 20.1.1.3

Ping 20.1.1.3: 32 data bytes, Press Ctrl_C to break
From 20.1.1.3: bytes=32 seq=1 ttl=127 time=156 ms
From 20.1.1.3: bytes=32 seq=2 ttl=127 time=93 ms
From 20.1.1.3: bytes=32 seq=3 ttl=127 time=125 ms
From 20.1.1.3: bytes=32 seq=4 ttl=127 time=109 ms
From 20.1.1.3: bytes=32 seq=5 ttl=127 time=125 ms

--- 20.1.1.3 ping statistics ---
  5 packet(s) transmitted
  5 packet(s) received
  0.00% packet loss
  round-trip min/avg/max = 93/121/156 ms

PC>
PC>
PC>
PC>
PC>
PC>
PC>
PC>
PC>
PC>
PC>
```

图 5.1.13　PC1 和 PC2 的连通性测试结果

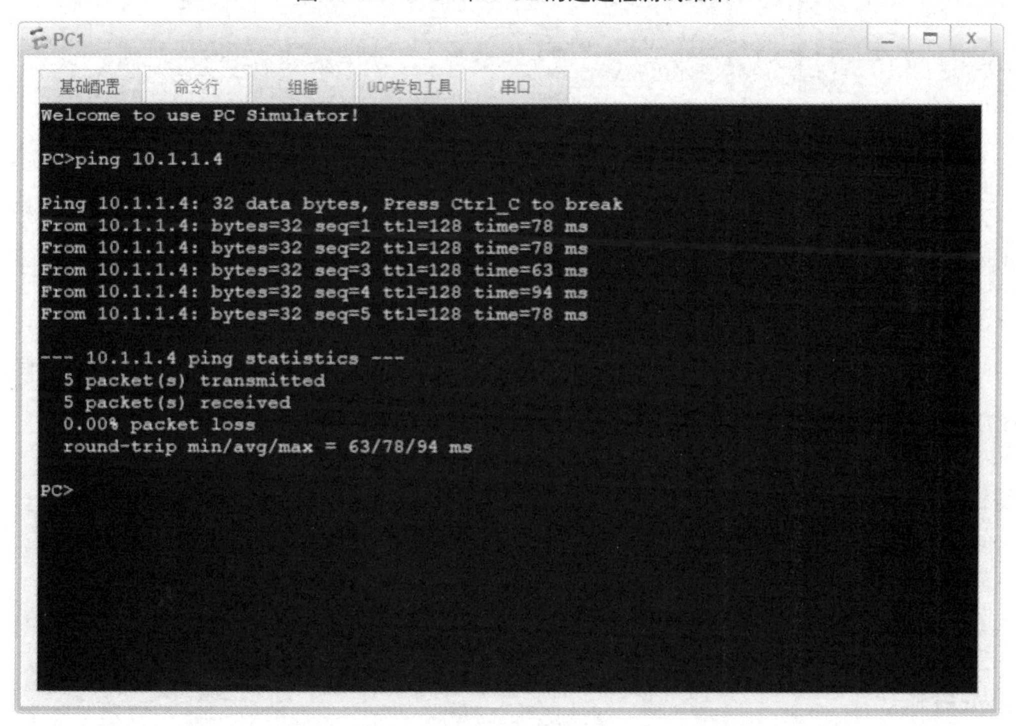

图 5.1.14　PC1 和 PC3 的连通性测试结果

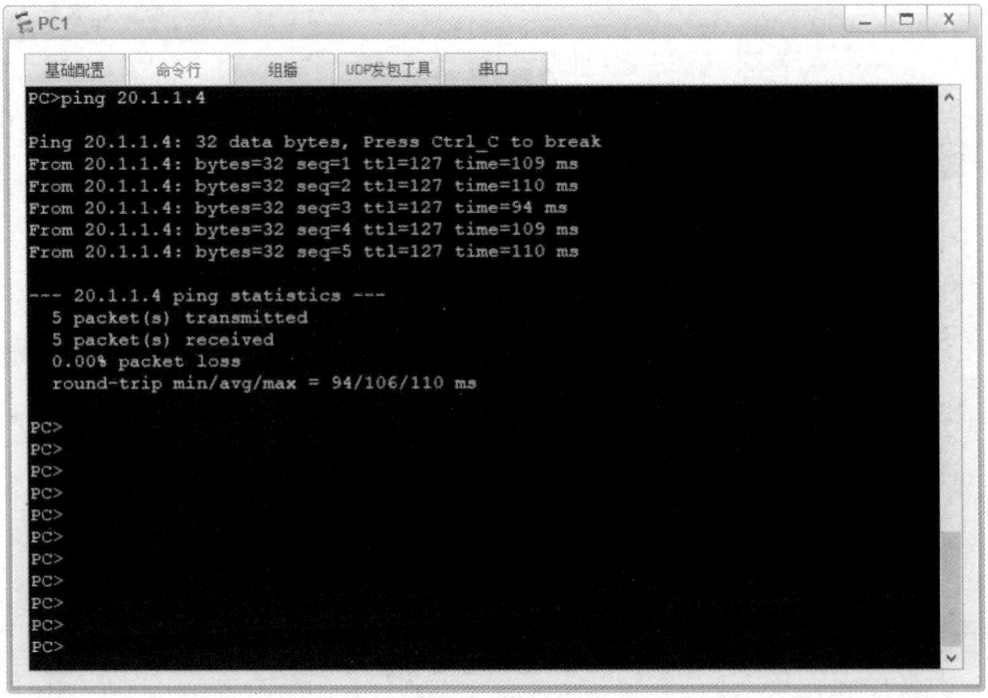

PC1

基础配置 命令行 组播 UDP发包工具 串口

```
PC>ping 20.1.1.4

Ping 20.1.1.4: 32 data bytes, Press Ctrl_C to break
From 20.1.1.4: bytes=32 seq=1 ttl=127 time=109 ms
From 20.1.1.4: bytes=32 seq=2 ttl=127 time=110 ms
From 20.1.1.4: bytes=32 seq=3 ttl=127 time=94 ms
From 20.1.1.4: bytes=32 seq=4 ttl=127 time=109 ms
From 20.1.1.4: bytes=32 seq=5 ttl=127 time=110 ms

--- 20.1.1.4 ping statistics ---
  5 packet(s) transmitted
  5 packet(s) received
  0.00% packet loss
  round-trip min/avg/max = 94/106/110 ms

PC>
PC>
PC>
PC>
PC>
PC>
PC>
PC>
PC>
PC>
PC>
```

图 5.1.15　PC1 和 PC4 的连通性测试结果

项目 2：网络接入综合实训

企业网络是企业中十分重要的基础设施之一，不仅可以实现企业内部各单位的数据共享和相互通信，还可以实现企业内网和互联网之间的互联互通。一个优秀的企业网络架构具有稳定性、安全性、可靠性、易用性、先进性和可扩展性。本项目根据企业的网络建设需求，让学生综合运用计算机网络课程中所学的理论知识与实践技能，设计方案并构建符合企业需求的物理网络，在应用场景中充分理解相应技术在实际组网过程中的作用和功能，进而能够完成上百人规模的企业网络设计与实施。

实训目的

（1）掌握企业网络的结构和设计方法；

（2）掌握各类技术在实际场景中的应用和配置方法。

需求分析

某新公司正在进行网络建设，公司包括三个部门，已有一台服务器和若干台工作计算机，公司负责人希望通过组建一个内部网络，开展业务。内网通过动态路由协议进行连接，通过专线让公司主机访问互联网资源，同时，让出差员工可以访问内网服务器。

根据以上背景描述，详细的需求分析如下。

（1）采购一台路由器作为网关，三台交换机用于网络接入，一台服务器作为公司业务服务器，还有若干台工作计算机。

（2）一台三层交换机作为局域网核心设备，两台二层交换机用来接入主机，并且将用户按部门进行划分。

（3）公司服务器放在数据中心，并且配备固定的 IP 地址，其他主机可以自动获取 IP 地址。

（4）网络核心的交换机是一台三层交换机，利用三层交换机的路由功能，可以很方便地解决子网通信的问题。

（5）公司内部网络通过动态路由协议 OSPF 实现互联互通。

（6）使用两台路由器和一台服务器模拟运营商网络，使用动态路由协议 RIP 进行通信，将外网服务器作为 DNS 服务器。

（7）公司的网关路由器在连接运营商路由器时使用专线，并且要满足安全性需求。

（8）公司主机可以访问运营商的服务器，也可以通过外网访问公司的服务器。

解决方案

（1）将路由器 GW 作为网关路由器，三层交换机 CORE 作为核心交换机，二层交换机 SW1 和 SW2 作为接入层交换机。

（2）核心交换机和二层交换机之间使用 Trunk 链路，并且划分 vlan 10、vlan 20 和 vlan 30。将 PC1 和 PC3 加入 vlan 10，PC2 和 PC4 加入 vlan 20，各主机通过 DHCP 获取 IP 地址。将公司业务服务器 server2 加入 vlan 30，并将 IP 地址配置为 10.1.3.100/24。

（3）在 CORE 上给 vlan 10、vlan 20 和 vlan 30 配置 VLAN 接口地址，分别作为主机和 server2 的网关地址。另外，在 CORE 上创建 vlan 40 并配置 VLAN 接口地址，用于和路由器 GW 相连，内网使用 OSPF 路由协议进行路由通信。

（4）将 ISP1 和 ISP2 作为模拟运营商路由器，在 ISP1 和 ISP2 上配置 IP 地址，运行 RIP 路由协议模拟运营商网络，将外网服务器 server1 作为 DNS 服务器。

（5）GW 和 ISP1 之间使用串口线相连，并使用 CHAP 协议进行认证。

（6）使用 NAT 技术，让内网主机可以访问外网运营商的 server1，同时外网也可以访问内网服务器 server2。

需要注意的是，此实训为模拟项目，所用 IP 地址只在本实验环境下使用，只为尽可能涵盖知识点，部分部署内容与实际情况略有区别。

设备选型

三层交换机　1 台
二层交换机　2 台
主机　　　　4 台
路由器　　　3 台
服务器　　　2 台
交叉线　　　1 根
直通线　　　8 根
串口线　　　2 根

拓扑设计

本项目的网络拓扑如图 5.2.1 所示。首先，使用直通线将路由器 GW、交换机 SW1 和 SW2、服务器 server2 与核心交换机 CORE 进行连接，将主机 PC1 和 PC2 与交换机 SW1 进行连接，主机 PC3 和 PC4 与交换机 SW2 连接，以上部分模拟内网网络。然后，使用串口线连接路由器 ISP1 与 IPS2，使用交叉线连接服务器 server1 与路由器 ISP2，以上部分模拟外网网络。最后，使用串口线连接路由器 GW 与 ISP1，模拟专线接入。网络拓扑中各设备接口的 IP 地址配置如表 5.2.1 所示。

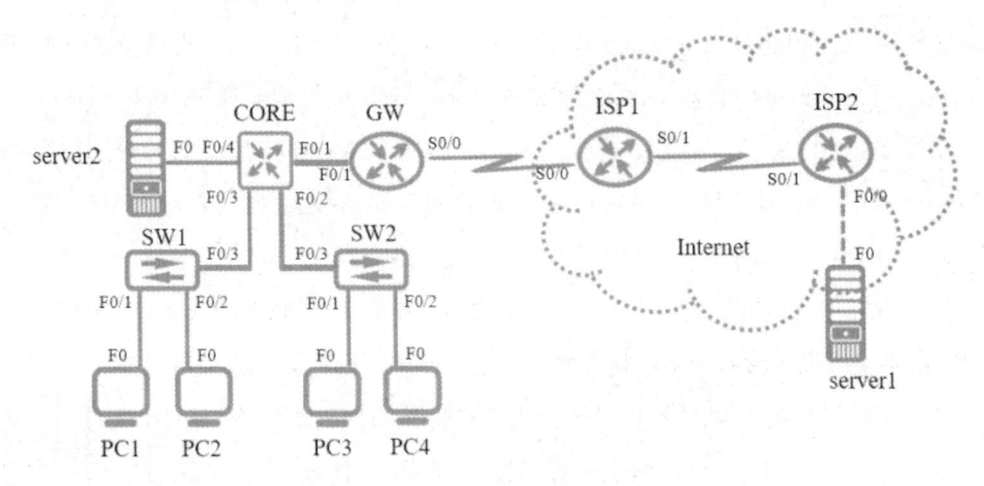

图 5.2.1　网络拓扑

表 5.2.1 各设备接口的 IP 地址配置

设备名称	接口编号	IP 地址	网关地址
GW	S0/0	202.1.1.1/24	/
	F0/1	10.1.0.2/24	/
CORE	F0/1	/	/
	F0/2	/	/
	F0/3	/	/
	F0/4	/	/
	逻辑接口 vlan 10	10.1.1.1/24	/
	逻辑接口 vlan 20	10.1.2.1/24	/
	逻辑接口 vlan 30	10.1.3.1/24	/
	逻辑接口 vlan 40	10.1.0.1/24	/
PC1	F0	DHCP pool 10	10.1.1.1
PC2	F0	DHCP pool 20	10.1.2.1
PC3	F0	DHCP pool 10	10.1.1.1
PC4	F0	DHCP pool 20	10.1.2.1
server2	F0	10.1.3.100/24	10.1.3.1
ISP1	S0/0	202.1.1.2/24	/
	S0/1	172.16.1.1/24	/
ISP2	S0/1	172.16.1.2/24	/
	F0/0	172.16.2.1/24	/
server1	F0	172.16.2.2/24	172.16.2.1

配置实例

1. 思科平台

（1）在交换机 CORE 与 SW1 和 SW2 之间分别设置 Trunk 链路。

```
CORE(config)#interface range fastEthernet 0/2-3
CORE(config-if-range)#switchport trunk encapsulation dot1q
CORE(config-if-range)#switchport mode trunk

SW1(config)#interface fastEthernet 0/3
SW1(config-if)#switchport mode trunk

SW2(config)#interface fastEthernet 0/3
SW2(config-if)#switchport mode trunk
```

（2）配置 VLAN，将主机加入对应的 VLAN。

```
CORE(config)#vlan 10
CORE(config)#vlan 20
CORE(config)#vlan 30
CORE(config)#vlan 40
CORE(config)#interface fastEthernet 0/1
CORE(config-if)#switchport mode access
```

```
CORE(config-if)#switchport access vlan 40
CORE(config)#interface fastEthernet 0/4
CORE(config-if)#switchport mode access
CORE(config-if)#switchport access vlan 30

SW1(config)#vlan 10
SW1(config)#vlan 20
SW1(config)#vlan 30
SW1(config)#interface fastEthernet 0/1
SW1(config-if)#switchport mode access
SW1(config-if)#switchport access vlan 10
SW1(config)#interface fastEthernet 0/2
SW1(config-if)#switchport mode access
SW1(config-if)#switchport access vlan 20

SW2(config)#vlan 10
SW2(config)#vlan 20
SW2(config)#vlan 30
SW2(config)#interface fastEthernet 0/1
SW2(config-if)#switchport mode access
SW2(config-if)#switchport access vlan 10
SW2(config)#interface fastEthernet 0/2
SW2(config-if)#switchport mode access
SW2(config-if)#switchport access vlan 20
```

（3）配置网关路由器 GW 的内网接口地址和三层交换 CORE 的 VLAN 接口地址。

```
GW(config)#interface fastEthernet 0/1
GW(config-if)#ip address 10.1.0.2 255.255.255.0
GW(config-if)#no shutdown

CORE(config)#int vlan 10
CORE(config-if)#ip address 10.1.1.1 255.255.255.0
CORE(config)#interface vlan 20
CORE(config-if)#ip address 10.1.2.1 255.255.255.0
CORE(config)#interface vlan 30
CORE(config-if)#ip address 10.1.3.1 255.255.255.0
CORE(config)#interface vlan 40
CORE(config-if)#ip address 10.1.0.1 255.255.255.0
```

（4）配置内网的 OSPF 路由协议。

```
GW(config)#router ospf 1
GW(config-router)#router-id 1.1.1.1
GW(config-router)#network 10.1.0.0 0.0.0.255 area 0

CORE(config)#ip routing
CORE(config)#router ospf 100
CORE(config-router)#router-id 2.2.2.2
CORE(config-router)#network 10.1.0.0 0.0.3.255 area 0
```

（5）配置 DHCP 服务。

```
GW(config)#ip dhcp pool 10
GW(dhcp-config)#network 10.1.1.0 255.255.255.0
GW(dhcp-config)#default-router 10.1.1.1
GW(dhcp-config)#dns-server 172.16.2.2
GW(config)#ip dhcp pool 20
GW(dhcp-config)#network 10.1.2.0 255.255.255.0
GW(dhcp-config)#default-router 10.1.2.1
GW(dhcp-config)#dns-server 172.16.2.2

CORE(config)#interface vlan 10
CORE(config-if)#ip helper-address 10.1.0.2
CORE(config)#interface vlan 20
CORE(config-if)#ip helper-address 10.1.0.2
```

（6）配置 server2 和主机的 IP 地址。

打开主机 PC1、PC2、PC3 和 PC4 的“IP Configuration”对话框，选中“DHCP”单选按钮，获取 IP 地址、子网掩码、网关地址和 DNS 地址，如图 5.2.2～图 5.2.5 所示。打开服务器 server2 的“IP Configuration”对话框，配置服务器的 IP 地址、子网掩码、网关地址和 DNS 地址，如图 5.2.6 所示。

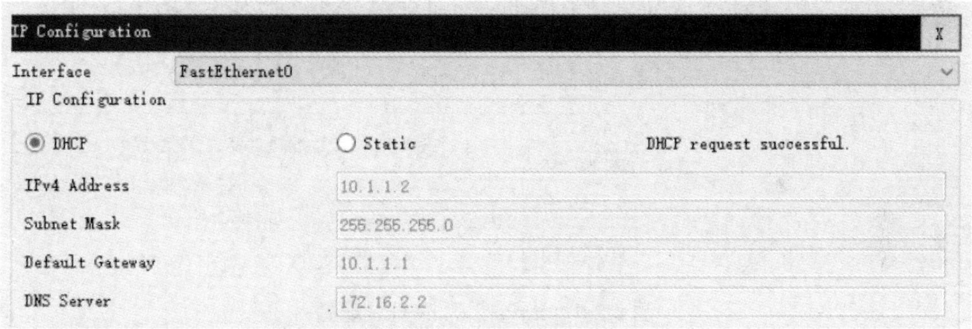

IP Configuration
Interface FastEthernet0
IP Configuration
DHCP Static DHCP request successful.
IPv4 Address 10.1.1.2
Subnet Mask 255.255.255.0
Default Gateway 10.1.1.1
DNS Server 172.16.2.2

图 5.2.2 PC1 的 IP 地址设置

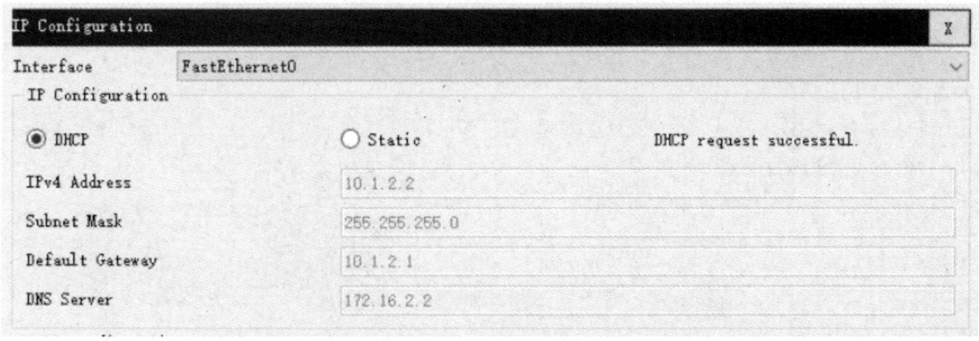

IP Configuration
Interface FastEthernet0
IP Configuration
DHCP Static DHCP request successful.
IPv4 Address 10.1.2.2
Subnet Mask 255.255.255.0
Default Gateway 10.1.2.1
DNS Server 172.16.2.2

图 5.2.3 PC2 的 IP 地址设置

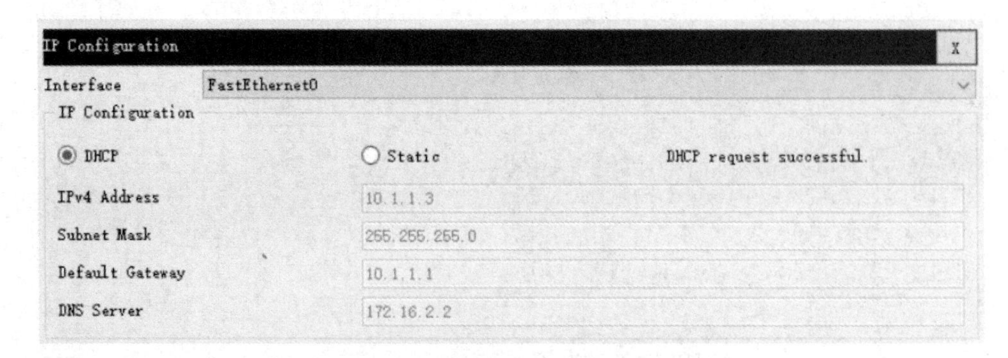

图 5.2.4 PC3 的 IP 地址设置

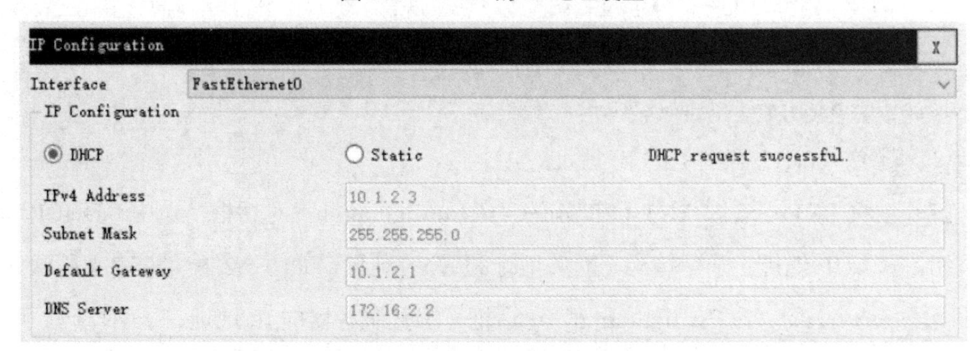

图 5.2.5 PC4 的 IP 地址设置

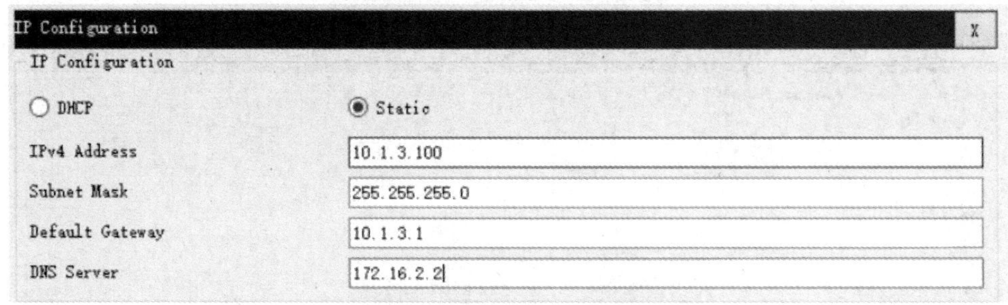

图 5.2.6 server2 的 IP 地址配置

（7）配置运营商部分设备的 IP 地址。

运营商部分的设备包括路由器 ISP1、ISP2 和外网服务器 server1，各路由器的 IP 地址的配置如下。

```
ISP1(config)#interface serial 0/0/0
ISP1(config-if)#ip address 202.1.1.2 255.255.255.0
ISP1(config-if)#clock rate 64000
ISP1(config-if)#no shutdown
ISP1(config)#interface serial 0/0/1
ISP1(config-if)#ip address 172.16.1.1 255.255.255.0
ISP1(config-if)#clock rate 64000
ISP1(config-if)#no shutdown

ISP2(config)#interface serial 0/0/1
```

```
ISP2(config-if)#ip address 172.16.1.2 255.255.255.0
ISP2(config-if)#no shutdown
ISP2(config)#interface fastEthernet 0/0
ISP2(config-if)#ip address 172.16.2.1 255.255.255.0
ISP2(config-if)#no shutdown
```

外网服务器 server1 的 IP 地址配置如下。

打开服务器 server1 的“IP Configuration”对话框，配置服务器的 IP 地址、子网掩码和网关地址，如图 5.2.7 所示。

IP Configuration
IP Configuration
DHCP Static
IPv4 Address 172.16.2.2
Subnet Mask 255.255.255.0
Default Gateway 172.16.2.1
DNS Server 0.0.0.0

图 5.2.7 server1 的 IP 地址配置

（8）配置运营商部分路由器的 RIP 路由协议。

```
ISP1(config)#router rip
ISP1(config-router)#version 2
ISP1(config-router)#no auto-summary
ISP1(config-router)#network 172.16.0.0
ISP1(config-router)#network 202.1.1.0

ISP2(config)#router rip
ISP2(config-router)#version 2
ISP2(config-router)#no auto-summary
ISP2(config-router)#network 172.16.0.0
```

（9）连接 GW 和 ISP1，并使用 CHAP 认证。

```
GW(config)#interface serial 0/0/0
GW(config-if)#ip address 202.1.1.1 255.255.255.0
GW(config-if)#no shutdown
GW(config)#username ISP1 password 123456
GW(config)#interface serial 0/0/0
GW(config-if)#encapsulation ppp
GW(config-if)#ppp authentication chap

ISP1(config)#username GW password 123456
ISP1(config)#interface serial 0/0/0
ISP1(config-if)#encapsulation ppp
ISP1(config-if)#ppp authentication chap
```

（10）配置 NAT 连接内外网。

```
GW(config)#access-list 1 permit 10.1.1.0 0.0.0.255
```

```
GW(config)#access-list 1 permit 10.1.2.0 0.0.0.255
GW(config)#ip nat inside source list 1 interface serial 0/0/0 overload
GW(config)#ip nat inside source static 10.1.3.100 202.1.1.100
GW(config)#interface serial 0/0/0
GW(config-if)#ip nat outside
GW(config)#interface fastEthernet 0/1
GW(config-if)#ip nat inside
GW(config)#ip route 0.0.0.0 0.0.0.0 202.1.1.2

CORE(config)#ip route 0.0.0.0 0.0.0.0 10.1.0.2
```

（11）测试主机的连通性。

从任何一台内网主机访问外网服务器 server1，即在内网主机上 ping 外网服务器 server1，显示连通，结果如图 5.2.8 所示。从外网服务器 server1 访问公司内网服务器 server2，即在外网服务器 server1 上 ping 内网服务器 server2，显示连通，结果如图 5.2.9 所示。

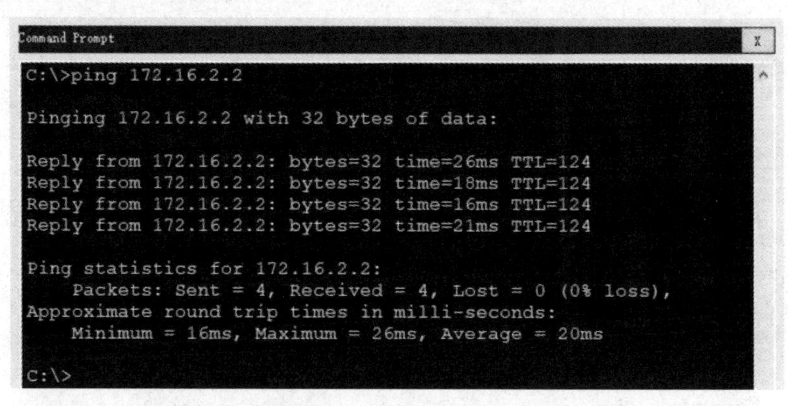

图 5.2.8　内网主机和 server1 的连通性测试结果

```
Command Prompt

Packet Tracer SERVER Command Line 1.0
C:\>ping 202.1.1.100

Pinging 202.1.1.100 with 32 bytes of data:

Request timed out.
Reply from 202.1.1.100: bytes=32 time=5ms TTL=124
Reply from 202.1.1.100: bytes=32 time=7ms TTL=124
Reply from 202.1.1.100: bytes=32 time=22ms TTL=124

Ping statistics for 202.1.1.100:
    Packets: Sent = 4, Received = 3, Lost = 1 (25% loss),
Approximate round trip times in milli-seconds:
    Minimum = 5ms, Maximum = 22ms, Average = 11ms

C:\>
```

图 5.2.9　server1 和 server2 的连通性测试结果

2．华为平台

（1）在交换机 CORE 和 SW1、SW2 之间分别设置 Trunk 链路。

```
[CORE]port-group group-member GigabitEthernet 0/0/2 GigabitEthernet 0/0/3
[CORE-port-group]port link-type trunk
[CORE-port-group]port trunk allow-pass vlan 10 20 30

[SW1]interface Ethernet 0/0/3
[SW1-Ethernet0/0/3]port link-type trunk
[SW1-Ethernet0/0/3]port trunk allow-pass vlan 10 20 30

[SW2]interface Ethernet 0/0/3
[SW2-Ethernet0/0/3]port link-type trunk
[SW2-Ethernet0/0/3]port trunk allow-pass vlan 10 20 30
```

（2）配置 VLAN，将主机加入对应的 VLAN。

```
[CORE]vlan batch 10 20 30 40
[CORE]interface GigabitEthernet 0/0/1
[CORE-GigabitEthernet0/0/1]port link-type access
[CORE-GigabitEthernet0/0/1]port default vlan 40
[CORE]interface GigabitEthernet 0/0/1
[CORE-GigabitEthernet0/0/1]port link-type access
[CORE-GigabitEthernet0/0/1]port default vlan 40

[SW1]vlan batch 10 20 30
[SW1]interface Ethernet 0/0/1
[SW1-Ethernet0/0/1]port link-type access
[SW1-Ethernet0/0/1]port default vlan 10
[SW1]interface Ethernet 0/0/2
[SW1-Ethernet0/0/2]port link-type access
[SW1-Ethernet0/0/2]port default vlan 20

[SW2]vlan batch 10 20 30
[SW2]interface Ethernet 0/0/1
[SW2-Ethernet0/0/1]port link-type access
[SW2-Ethernet0/0/1]port default vlan 10
[SW2]interface Ethernet 0/0/2
[SW2-Ethernet0/0/2]port link-type access
[SW2-Ethernet0/0/2]port default vlan 20
```

（3）配置网关路由器 GW 的内网接口地址和三层交换 CORE 的 VLAN 接口地址。

```
[GW]interface GigabitEthernet 0/0/1
[GW-GigabitEthernet0/0/1]ip address 10.1.0.2 24

[CORE]interface Vlanif 10
[CORE-Vlanif10]ip address 10.1.1.1 24
[CORE]interface Vlanif 20
[CORE-Vlanif20]ip address 10.1.2.1 24
[CORE]interface Vlanif 30
[CORE-Vlanif30]ip address 10.1.3.1 24
[CORE]interface Vlanif 40
```

```
[CORE-Vlanif40]ip address 10.1.0.1 24
```

（4）配置内网 OSPF 路由协议。

```
[GW]ospf 1 router-id 1.1.1.1
[GW-ospf-1]area 0
[GW-ospf-1-area-0.0.0.0]network 10.1.0.0 0.0.0.255

[CORE]ospf 100 router-id 2.2.2.2
[CORE-ospf-100]area 0
[CORE-ospf-100-area-0.0.0.0]network 10.1.0.0 0.0.3.255
```

（5）配置 DHCP 服务。

```
[GW]dhcp enable
[GW]ip pool 10
[GW-ip-pool-10]network 10.1.1.0 mask 24
[GW-ip-pool-10]gateway-list 10.1.1.1
[GW-ip-pool-10]dns-list 172.16.2.2
[GW]ip pool 20
[GW-ip-pool-20]network 10.1.2.0 mask 24
[GW-ip-pool-20]gateway-list 10.1.2.1
[GW-ip-pool-20]dns-list 172.16.2.2
[GW]interface GigabitEthernet 0/0/1
[GW-GigabitEthernet0/0/1]dhcp select global

[CORE]dhcp enable
[CORE]interface Vlanif 10
[CORE-Vlanif10]dhcp select relay
[CORE-Vlanif10]dhcp relay server-ip 10.1.0.2
[CORE]interface Vlanif 20
[CORE-Vlanif20]dhcp select relay
[CORE-Vlanif20]dhcp relay server-ip 10.1.0.2
```

（6）配置 server2 和主机的 IP 地址。

分别打开主机 PC1、PC2、PC3 和 PC4 的“IPv4 配置”界面，如图 5.2.10 所示，选中“DHCP”单选按钮，获取 IP 地址、子网掩码、网关地址和 DNS 地址，并在命令行方式下输入“ipconfig”命令进行查看，结果如图 5.2.11～图 5.2.14 所示。打开服务器 server2 的“IPv4 配置”界面，配置服务器的 IP 地址、子网掩码、网关地址和 DNS 地址，如图 5.2.15 所示。

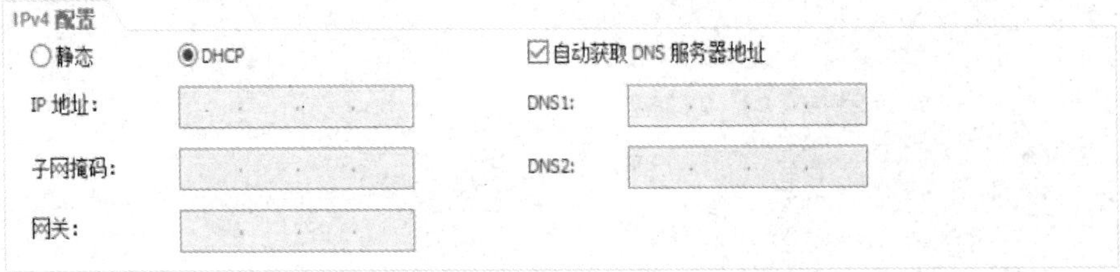

图 5.2.10　选中“DHCP”单选按钮

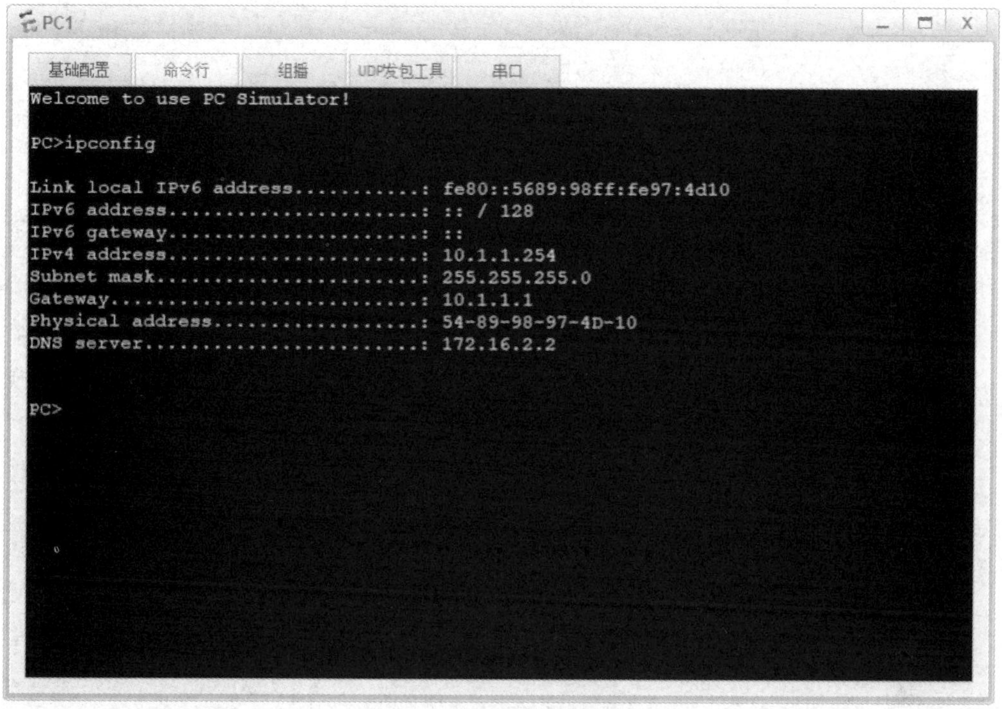

PC1

基础配置 命令行 组播 UDP发包工具 串口

```
Welcome to use PC Simulator!

PC>ipconfig

Link local IPv6 address...........: fe80::5689:98ff:fe97:4d10
IPv6 address......................: :: / 128
IPv6 gateway......................: ::
IPv4 address......................: 10.1.1.254
Subnet mask.......................: 255.255.255.0
Gateway...........................: 10.1.1.1
Physical address..................: 54-89-98-97-4D-10
DNS server........................: 172.16.2.2


PC>
```

图 5.2.11 PC1 的 IP 地址

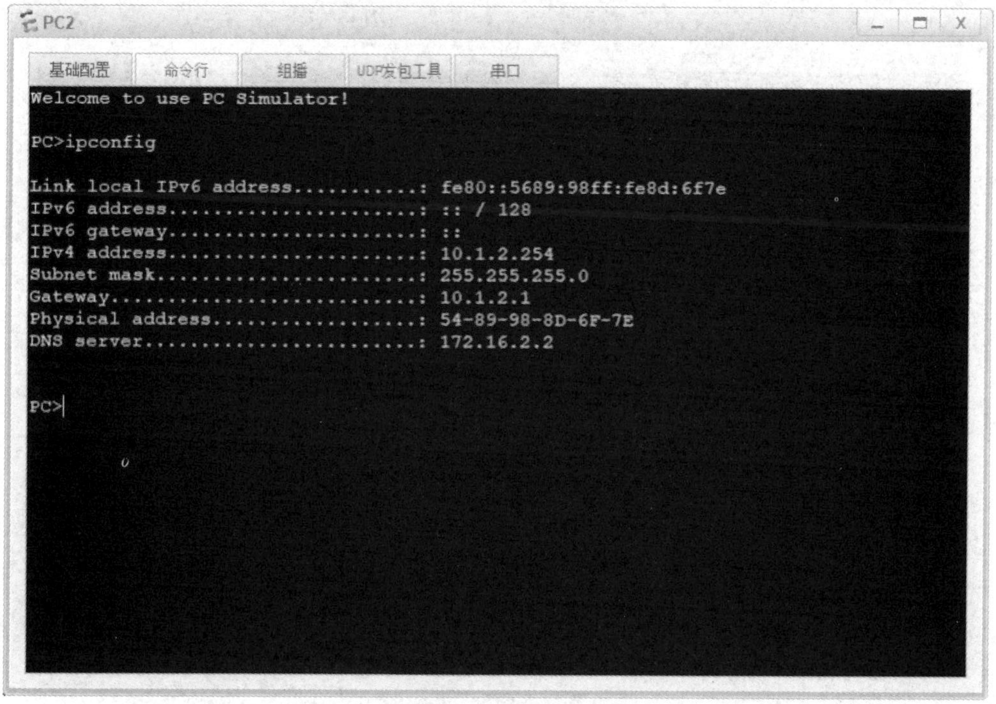

PC2

基础配置 命令行 组播 UDP发包工具 串口

```
Welcome to use PC Simulator!

PC>ipconfig

Link local IPv6 address...........: fe80::5689:98ff:fe8d:6f7e
IPv6 address......................: :: / 128
IPv6 gateway......................: ::
IPv4 address......................: 10.1.2.254
Subnet mask.......................: 255.255.255.0
Gateway...........................: 10.1.2.1
Physical address..................: 54-89-98-8D-6F-7E
DNS server........................: 172.16.2.2


PC>
```

图 5.2.12 PC2 的 IP 地址

PC3

基础配置 命令行 组播 UDP发包工具 串口

```
Welcome to use PC Simulator!

PC>ipconfig

Link local IPv6 address...........: fe80::5689:98ff:fee7:6667
IPv6 address......................: :: / 128
IPv6 gateway......................: ::
IPv4 address......................: 10.1.1.253
Subnet mask.......................: 255.255.255.0
Gateway...........................: 10.1.1.1
Physical address..................: 54-89-98-E7-66-67
DNS server........................: 172.16.2.2


PC>
```

图 5.2.13 PC3 的 IP 地址

图 5.2.14 PC4 的 IP 地址

（7）配置运营商部分设备的 IP 地址。

运营商部分的设备包括路由器 ISP1、ISP2 和外网服务器 server1，各路由器的 IP 地址配置如下。

```
[ISP1]interface Serial 1/0/0
[ISP1-Serial1/0/0]ip address 202.1.1.2 24
[ISP1]interface Serial 1/0/1
[ISP1-Serial1/0/1]ip address 172.16.1.1 24

[ISP2]interface Serial 1/0/1
[ISP2-Serial1/0/1]ip address 172.16.1.2 24
[ISP2]interface GigabitEthernet 0/0/1
[ISP2-GigabitEthernet0/0/1]ip address 172.16.2.1 24
```

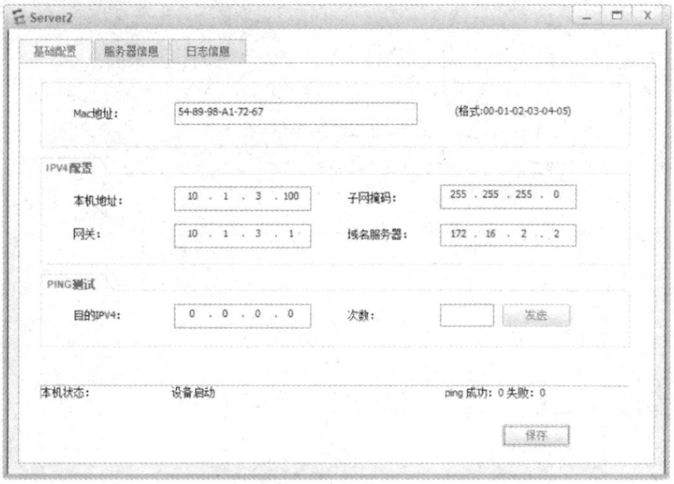

图 5.2.15　server2 的 IP 地址配置

外网服务器 server1 地址配置如下。

打开服务器 server1 的“IPv4 配置”界面，配置服务器的 IP 地址、子网掩码和网关地址，如图 5.2.16 所示。

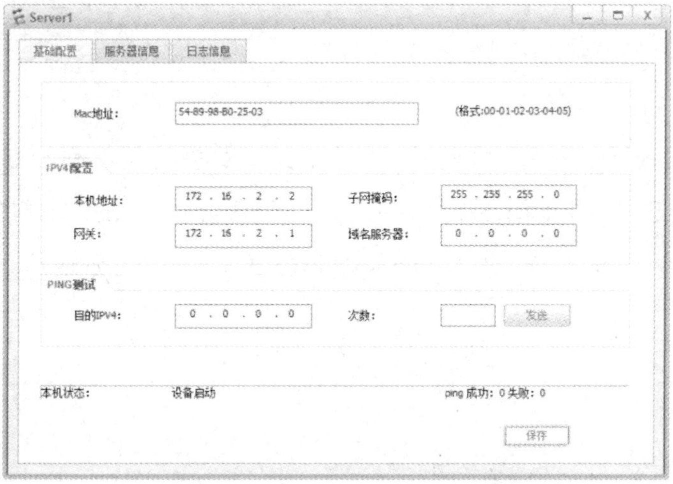

图 5.2.16　server1 的 IP 地址配置

（8）配置运营商部分路由器的 RIP 路由协议。

```
[ISP1]rip
[ISP1-rip-1]version 2
[ISP1-rip-1]undo summary
[ISP1-rip-1]network 172.16.0.0
[ISP1-rip-1]network 202.1.1.0

[ISP2]rip
[ISP2-rip-1]version 2
[ISP2-rip-1]undo summary
[ISP2-rip-1]network 172.16.0.0
```

（9）连接 GW 和 ISP1，并使用 CHAP 认证。

```
[ISP1]aaa
[ISP1-aaa]local-user huawei password cipher 123456
[ISP1-aaa]local-user huawei service-type ppp
[ISP1]interface Serial 1/0/0
[ISP1-Serial1/0/0]pp authentication-mode chap

[GW]interface Serial 1/0/0
[GW-Serial1/0/0]ip address 202.1.1.1 24
[GW-Serial1/0/0]ppp chap user huawei
[GW-Serial1/0/0]ppp chap password cipher 123456
```

（10）配置 NAT 连接内外网。

```
[GW]acl 2000
[GW-acl-basic-2000]rule permit source 10.1.1.0 0.0.0.255
[GW-acl-basic-2000]rule permit source 10.1.2.0 0.0.0.255
[GW]interface Serial 1/0/0
[GW-Serial1/0/0]nat outbound 2000
[GW-Serial1/0/0]nat static global 202.1.1.100 inside 10.1.3.100
[GW]ip route-static 0.0.0.0 0.0.0.0 202.1.1.2

[CORE]ip route-static 0.0.0.0 0.0.0.0 10.1.0.2
```

（11）测试主机的连通性。

从任何一台内网主机访问外网服务器 server1，即在内网主机上 ping 外网服务器 server1，显示连通，结果如图 5.2.17 所示。从外网服务器 server1 访问公司内网服务器 server2，即在外网服务器 server1 上 ping 内网服务器 server2，显示连通，结果如图 5.2.18 所示。

PC1
基础配置
命令行
组播
UDP发包工具
串口
PC>ping 172.16.2.2
Ping 172.16.2.2: 32 data bytes, Press Ctrl_C to break
Request timeout!
From 172.16.2.2: bytes=32 seq=2 ttl=251 time=78 ms
From 172.16.2.2: bytes=32 seq=3 ttl=251 time=78 ms
From 172.16.2.2: bytes=32 seq=4 ttl=251 time=47 ms
From 172.16.2.2: bytes=32 seq=5 ttl=251 time=78 ms
--- 172.16.2.2 ping statistics ---
5 packet(s) transmitted
4 packet(s) received
20.00% packet loss
round-trip min/avg/max = 0/70/78 ms
PC>
PC>
PC>
PC>
PC>
PC>
PC>
PC>
PC>
PC>
PC>

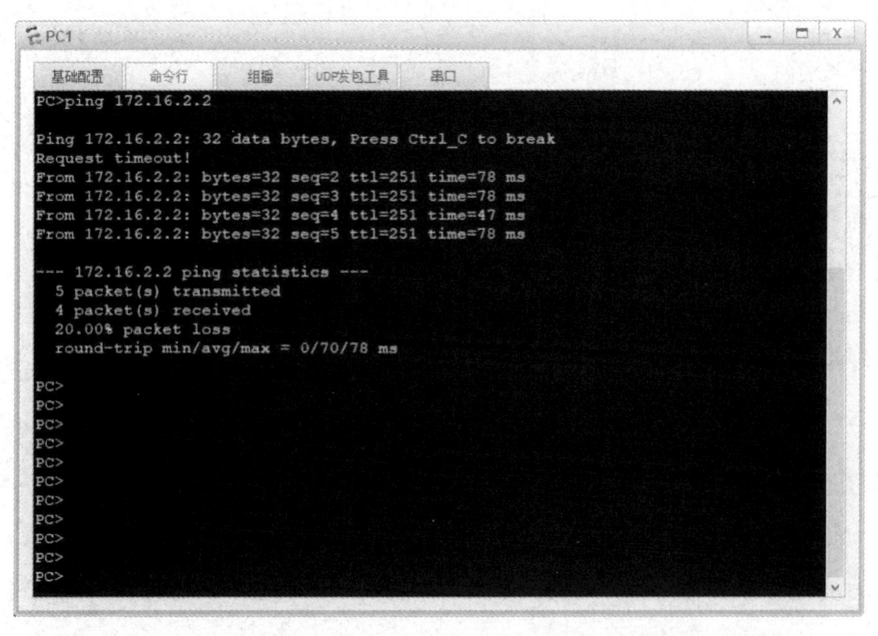

图 5.2.17　内网主机和 server1 的连通性测试结果

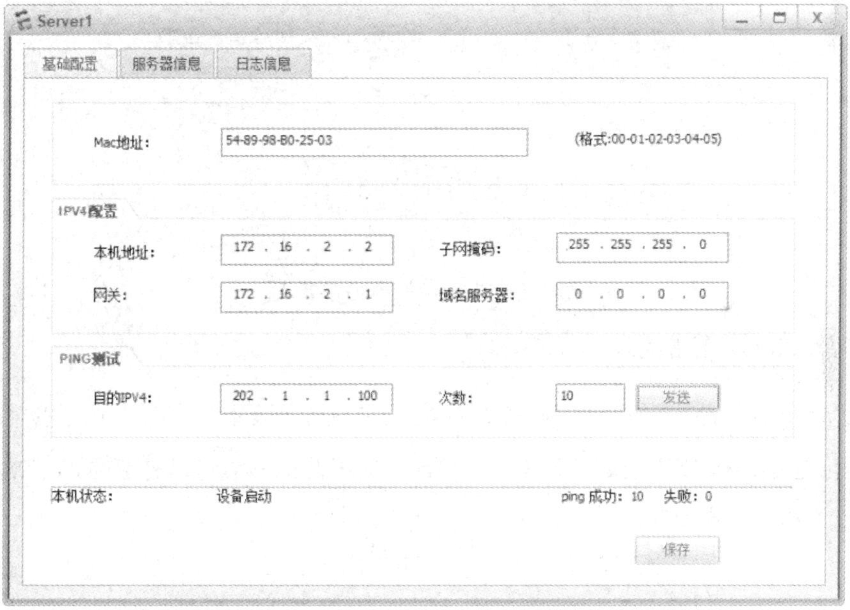

Server1
基础配置
服务器信息
日志信息
Mac地址:
54-89-98-B0-25-03
(格式:00-01-02-03-04-05)
IPV4配置
本机地址:
172 . 16 . 2 . 2
子网掩码:
255 . 255 . 255 . 0
网关:
172 . 16 . 2 . 1
域名服务器:
0 . 0 . 0 . 0
PING测试
目的IPV4:
202 . 1 . 1 . 100
次数:
10
发送
本机状态:
设备启动
ping 成功: 10　失败: 0
保存

图 5.2.18　server1 和 server2 的连通性测试结果

附录 A

eNSP 无法启动排查指南

在 eNSP 自带的帮助文档中，用户可以查看无法启动的解决方案，这些解决方案主要针对错误代码为 40 和 41 的错误，如图 A.1 所示。如果帮助文档无法解决，可以检查以下 3 部分是否配置正确。

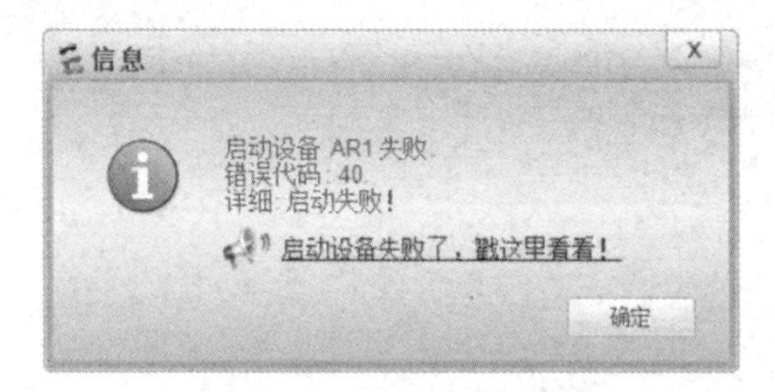

图 A.1　错误代码为 40 的错误

1．VirtualBox 配置问题

本实验使用的 eNSP PC100 版本对应 VirtualBox 5.2 版本（小版本号可以忽略），其他版本的 VirtualBox 都不兼容，如图 A.2 所示。如果此前安装过其他版本的 eNSP，请将软件删除干净再进行安装。

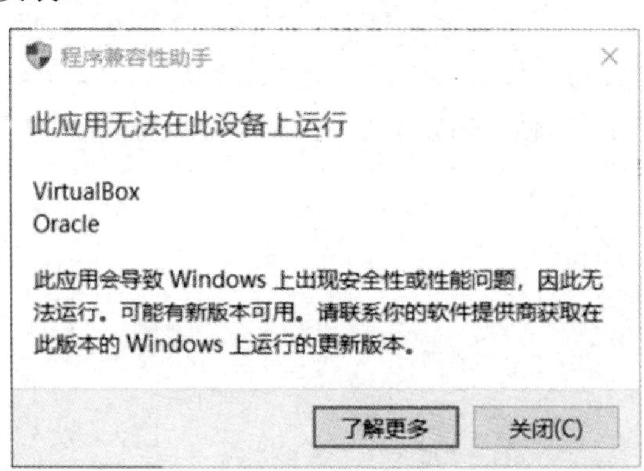

图 A.2　VirtualBox 启动失败

如果已正确安装 VirtualBox，软件将自动生成虚拟网卡，如图 A.3 所示。由于计算机环境不同，如果没有虚拟网卡，可以手动添加。将虚拟网卡的 IP 地址配置为 192.168.56.1/24，打开 DHCP 功能，如图 A.4 所示。

图 A.3　自动生成虚拟网卡

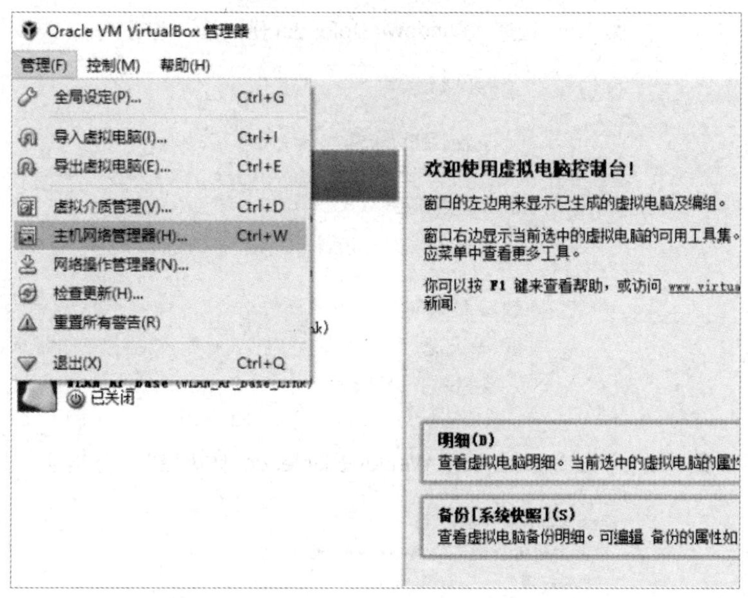

图 A.4　添加虚拟网卡及配置 IP 地址

2．防火墙拦截

在安装 eNSP 和 VirtualBox 等相关软件时，系统会提示防火墙是否允许通过，如果拒绝通过或直接关闭，将导致数据无法传输，所以防火墙必须允许通过。我们可以打开控制面板，选择“Windows Defender 防火墙”选项，如图 A.5 所示，进入 Windows Defender 防火墙设置界面。单击“启用或关闭 Windows Defender 防火墙”文字链接，在“自定义各类网络的设置”界面中，选中“专用网络设置”和“公用网络设置”选区中的“关闭 Windows Defender 防火墙（不推荐）”单选按钮，关闭 Windows Defender 防火墙，如图 A.6 和图 A.7 所示。或者通过“允许应用或功能通过 Windows Defender 防火墙”来修改防火墙过滤规则，放行数据，如图 A.8 所示。

图 A.5 选择“Windows Defender 防火墙”选项

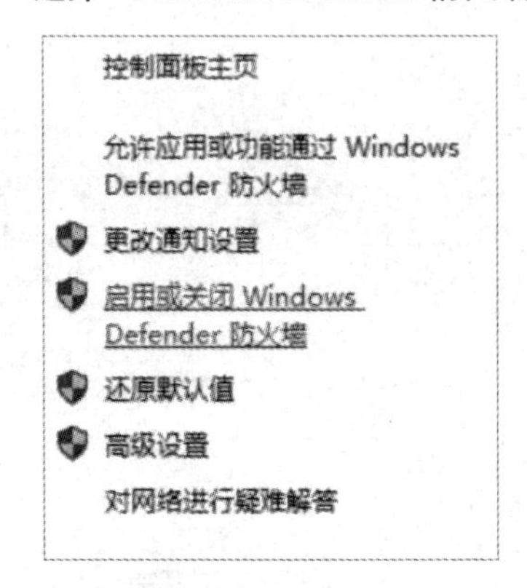

图 A.6 单击“启用或关闭 Windows Defender 防火墙”文字链接

自定义各类网络的设置

你可以修改使用的每种类型的网络的防火墙设置。

专用网络设置

○启用 Windows Defender 防火墙

☐阻止所有传入连接，包括位于允许应用列表中的应用

☑Windows Defender 防火墙阻止新应用时通知我

◉关闭 Windows Defender 防火墙(不推荐)

公用网络设置

○启用 Windows Defender 防火墙

☐阻止所有传入连接，包括位于允许应用列表中的应用

☑Windows Defender 防火墙阻止新应用时通知我

◉关闭 Windows Defender 防火墙(不推荐)

图 A.7 关闭 Windows Defender 防火墙

☑eNSP	☑	☑
☑ensp_firewall	☑	☑
☑eNSP_PCClient.exe	☑	☑
☑eNSP_PCServer.exe	☑	☑
☑ensp_switch	☑	☑
☑ensp_switch	☑	☑
☑ensp_vboxserver	☑	☑

图 A.8 修改防火墙过滤规则

3．eNSP 选项配置

如果设备始终无法启动，可以尝试修改 eNSP 的服务器设置。将本地服务器地址设置为虚拟网卡地址 192.168.56.1，端口号随机输入，如图 A.9 所示。

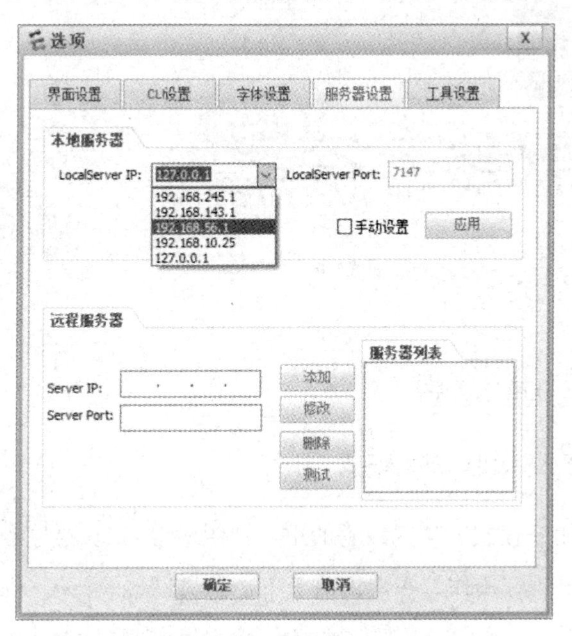

图 A.9　修改 eNSP 服务器设置

附录 B

思维拓展参考答案

第一章：实验环境及基本配置

实验 3：路由器/交换机的基本配置

1. 思科设备的用户模式和华为设备的用户视图权限为 0，能对设备进行的配置有限，需要通过提高权限来进行操作。在默认情况下，思科设备的特权模式和华为设备的系统视图为最高权限，即 15 级权限。另外还有接口模式、进程模式等，用来配置不同的内容。在配置的过程中，要对应相关命令的模式。

2. 在使用 Console 端口配置设备时，必须取消选择创建串口连接选项中的流控选项，否则无法显示内容。

第二章：交换实验

实验 1：虚拟局域网划分

1. 两台主机不在同一个 VLAN 中是不能相互通信的，因为 VLAN 的作用是隔离广播域，每个 VLAN 就是一个广播域。

2. 两台主机在同一个 VLAN 中，满足了相同广播域的要求，但在 IP 地址不在同一个网段，网络号不同，是不能相互通信的。

实验 2：中继链路配置

1. 802.1Q 公有标记协议是公有标准，只增加 4 字节 Tag 标记，支持的 VLAN 数量多，并且可以有效支持语音流量。而 ISL 封装协议是思科的私有协议，需要增加 26 字节的包头和 4 字节尾部，支持的 VLAN 数量少，并且没有优先级设置。

2．在默认情况下，思科交换机的 Trunk 端口允许所有 VLAN 数据通过，华为交换机的 Trunk 端口只允许 vlan 1 通过。

实验 3：实现 VLAN 间路由通信

1．三层交换机具备和路由器一样的路由功能，通过配置主机所在 VLAN 的 IP 地址并将其作为主机网关地址，利用三层交换机的路由功能实现不同 VLAN 之间的通信。

2．单臂路由只需要使用一条物理链路承载流量，大大减少接口的使用。同时，在多个 VLAN 通信的情况下，只需要增加子接口，具有很高的灵活性。

实验 4：生成树协议

1．思科设备默认使用的是每 VLAN 生成树，而华为设备不支持每 VLAN 生成树。如果在华为设备上需要对不同的 VLAN 设置不同的生成树，需要使用多生成树协议，利用不同的实例来操作。

2．可以使用 802.1w 快速生成树协议，提高生成树的效率。

实验 5：链路聚合技术

1．如果需要设置链路聚合，两端接口的数量、传输速率、双工模式、流量控制模式必须一致。

2．设置三层链路聚合，需要将链路聚合端口从二层端口转变为三层端口。

第三章：路由实验

实验 1：静态路由配置

1．静态路由配置简单，没有管理性开销，不占用带宽，安全稳定。但对于规模较大的网络，配置烦琐，工作量大，并且不能自适应网络变化，需要管理员人工处理。

2．当下一跳不可达时，静态路由命令可以进行配置，但路由表中不会出现该路由。当下一跳可达时，路由条目才会出现。

3．使用静态路由的接口配置时，该接口为去往目的网络的出接口，并且只能在点对点类型的网络中使用，不适用于多路访问网络。

实验 2：路由信息协议

1．RIPv1 是有类路由协议，通过广播的方式更新路由表，路由条目不包括掩码，只能按主类汇总路由，不支持认证功能。RIPv2 是无类路由协议，通过组播地址 224.0.0.9

更新路由表，并且支持 VLSM，支持手动汇总和认证功能。

2．如果在 RIPv2 中不关闭自动汇总功能，路由条目会按主类进行汇总，造成汇总范围过大的问题，影响正常路由运行。

实验 3：开放最短路径优先

1．如果 OSPF 邻居路由器接口属于不同的区域，就不满足 OSPF 建立邻居的 4 个条件，将无法建立邻居关系。

2．router-id 作为 OSPF 路由器的标识信息，在同一个 OSPF 自治系统中，每个路由器必须要有 router-id 并且 router-id 唯一。

第四章 互联网接入及安全控制实验

实验 1：标准访问控制列表

1．标准访问控制列表只匹配源 IP 地址，而扩展访问控制列表可以配置源 IP 地址、目的 IP 地址、源端口号、目的端口号、协议等参数。

2．访问控制列表除了可以在接口下进行数据过滤，还具有控制远程访问的用户、过滤路由条目、抓取感兴趣的流量等功能。

实验 2：扩展访问控制列表

1．使用扩展访问控制列表可以通过拒绝 ICMP 协议中的 echo 或 echo-reply 包来禁止 ping 包通过。

2．在配置扩展访问控制列表时，接口的位置离源网络近比较好，因为扩展访问控制列表是精确匹配，这样在源头即可过滤，减少网络流量，减轻设备处理负担。

实验 3：动态主机配置协议

1．当 DHCP 服务器和主机不在同一个子网时，DHCP 广播消息无法被转发。通过 DHCP 中继，将 DHCP 广播消息以单播的形式发往确定的服务器地址，从而获取 IP 地址。

2．接口 DHCP 只能应用在接口下，与要分配 IP 地址的主机在同一个广播域中，而全局 DHCP 不仅可以给同一个广播域中的主机分配 IP 地址，还可以通过中继给不同广播域的主机分配 IP 地址。

实验 4：网络地址转换

1．如果使用 NAT 地址池，需要给流量预先配置好公网地址池，一般地址池 NAT 会与端口 NAT 同时使用。

2．端口 NAT 通过 IP 地址和端口号的组合方式来确定内网的主机。

实验 5：点到点协议

1．PAP 认证是两次握手，在验证时发送用户名和密码，并不安全。CHAP 认证是三次握手，通过发送密码的哈希值进行验证，更加安全可靠。

2. 思科设备上可以直接创建用户名和密码来进行 PPP 认证，而华为设备必须在 AAA 模式下创建用户名密码来进行 PPP 认证。

反侵权盗版声明